COSMIX

LAURENT SCHAFER

COSMIX

VOM URKNALL BIS ZUM MENSCHEN

AUS DEM FRANZÖSISCHEN
VON RALF PANNOWITSCH

KOSMOS

Für Odette, für Shadie und Naomé,
die vier Generationen zusammenführen.

Impressum

Aus dem Französischen übersetzt von Ralf Pannowitsch.
Französische Originalausgabe erschienen bei Dunod
unter der ISBN 978-2-10-081107-6 als:
Cosmix. Du Big Bang à l'Homme von Laurent SCHAFER

Skript und Zeichnungen: Laurent Schafer
Kolorierung: Joël Odone, Laurent Schafer, Ariane Schafer
Wissenschaftliche Mitarbeit: Claude-Alain Pillet, Professor am Centre de Physique Théorique (Universität Aix-Marseille, Universität Toulon, CNRS)
Gestaltungskonzept: Nord Compo

Umschlaggestaltung von Büro Jorge Schmidt, München,
unter Verwendung des Originalumschlags von Laurent Schafer.

FSC www.fsc.org
MIX
Papier | Fördert gute Waldnutzung
FSC® C011124

Gedruckt auf chlorfrei gebleichtem Papier

Für die deutschsprachige Ausgabe:

Pfizerstraße 5–7, 70184 Stuttgart
kosmos.de/servicecenter

ISBN 978-3-440-18264-2
Redaktion: Michael Geymeier
Lettering: Marie Gude
Produktion: Ralf Paucke
Druck und Bindung: Mohn Media Mohndruck GmbH, Gütersloh
Printed in Germany / Imprimé en Allemagne

Inhalt

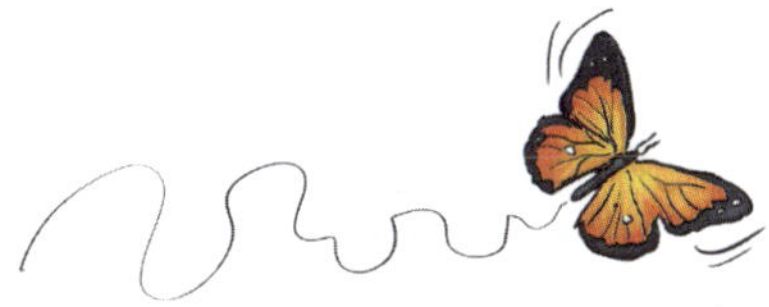

Die Personen		7
Prolog	WOHER KOMMEN WIR?	8
Kapitel 1	FALL UND ZUFALL	12
Kapitel 2	DIE ERDZEITALTER	37
Kapitel 3	DER UNORDNUNG ENTGEGEN	57
Kapitel 4	AUF DEM WEG ZUR ORDNUNG	79
Kapitel 5	DIE UNWAHRSCHEINLICHE ODYSSEE	103
Kapitel 6	VOM UNBELEBTEN ZUM LEBENDIGEN	117
Kapitel 7	DIE UNBERECHENBARE EVOLUTION	142
Kapitel 8	DIE SELTSAME ZWISCHENWELT	162
Kapitel 9	DAS NICHTLOKALE UNIVERSUM	174
Kapitel 10	REALITÄT UND BEWUSSTSEIN	200
Auswahlbibliografie		223
Dank		224

Die Personen

WOHER KOMMEN WIR?

„Wir sind nicht ‚auf die Welt gekommen', wir sind ‚aus ihr hervorgegangen', wie Blätter aus einem Baum. Wie der Ozean ‚wogt', so ‚bevölkert' sich das Universum. Jeder Einzelne ist ein Ausdruck des ganzen Reichs der Natur, eine einmalige Handlung des gesamten Universums."

Alan Wilson Watts, *Die Illusion des Ich*

Glückwunsch, Sie sind da! Sie existieren in diesem Universum. Das ist eine echte Großtat! (Und außerdem lesen Sie gute Bücher).

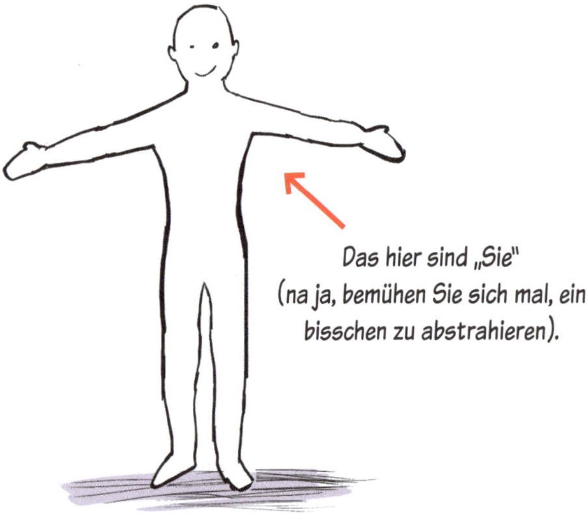

Machen Sie sich das bewusst: Es hat Milliarden von Jahren gebraucht, um die Milliarden und Abermilliarden Atome zu schaffen, aus denen Sie zusammengesetzt sind.

Diese Atome haben sich extra für Sie zusammengefunden. Und sie müssen ausreichend lange zusammenwirken, damit Sie weiterhin „Sie" sind. Ein Glücksfall! Sie hätten auch ein Lemur sein können, eine Schubkarre oder ein Sofa im neoindustriell-postnihilistischen Stil.

Das Sofa und Sie bestehen aus exakt denselben Elementen. Auf der Ebene der Atome unterscheidet Sie beide absolut nichts voneinander. Schon der britisch-amerikanische Autor Bill Bryson merkte boshaft an, das einzig Besondere an den Atomen, die Sie bilden, sei, dass sie Sie bilden. Banaler ausgedrückt: Sie sind genau wie das Sofa ein Haufen von Teilchen.

Aufgepasst: Sie waren bereits da, bevor Sie Sie waren! All die Teilchen, aus denen Sie bestehen, und auch all die Teilchen des Sofas irrten schon irgendwo im Kosmos umher. Einfach nur in einem etwas breitgestreuteren Zustand als heute. Anders gesagt: Eine wichtige Seite Ihrer persönlichen Geschichte entzieht sich Ihnen.

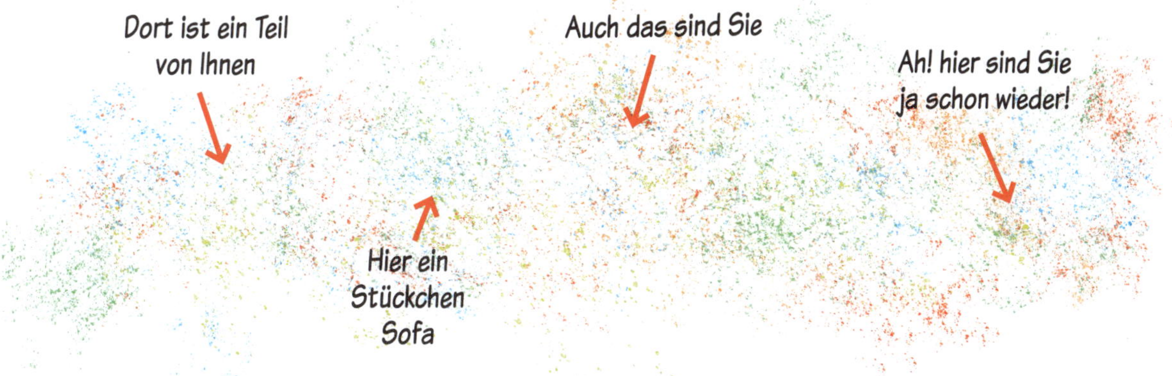

Aber wie ist die Montage abgelaufen? Wie konnten die überallhin verstreuten Teilchen ...

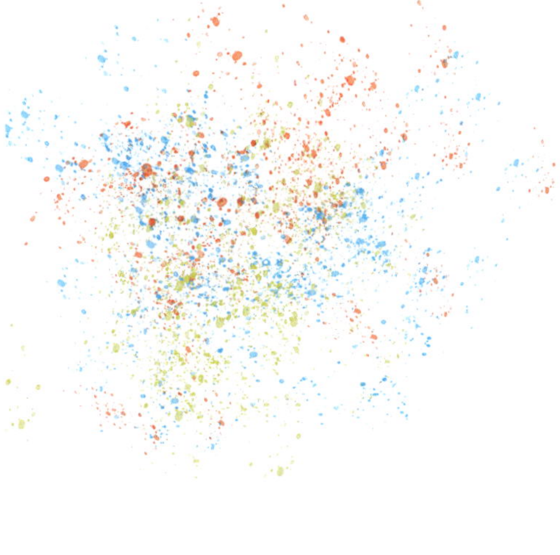

Eine formenreiche, wimmelnde Welt. Mit Lebenszyklen, die so ausgefeilt sind, dass man es manchmal kaum glauben kann.
Nature-TV
DAS IST EINE ZOMBIE-AMEISE! EIN PARASITÄRER WURM NAMENS KLEINER LEBEREGEL HAT DIE KONTROLLE ÜBER IHR GEHIRN ÜBERNOMMEN.
DIESER PLATTWURM ZWINGT DIE AMEISE DAZU, IHRE KOLONIE ZU VERLASSEN UND SICH ANS OBERE ENDE EINES GRASHALMS ZU KLAMMERN.
OH! IST SO WAS MÖGLICH?
DER GRASHALM UND MIT IHM AUCH DIE AMEISE WERDEN VON EINEM VORBEIKOMMENDEN SCHAF GEFRESSEN, WAS DIESER FURCHTBARE PARASITENWURM GENAU BEZWECKT HAT.
DER PARASIT LEGT NUN IN DER LEBER DES SCHAFES SEINE EIER AB – EIN IDEALER SCHUTZRAUM.
DIE EIER WERDEN MIT DEM KOT AUSGESCHIEDEN UND SIND EIN LECKERBISSEN FÜR MANCHE SCHNECKEN.
MIAM
DIE LARVEN DES WURMS SCHLÜPFEN IN DER SCHNECKE. DANN WANDERN SIE DURCH IHR ATEMSYSTEM UND WERDEN, WENN SIE NIEST, ÜBER IHREN SCHLEIM HINAUSBEFÖRDERT.
DIESER SCHLEIM WIRD VON EINER VORBEIKRABBELNDEN AMEISE VERSCHLUNGEN.
MIAM
DIE PARASITENWÜRMER ÜBERNEHMEN NUN WIEDER DAS KOMMANDO ÜBER DIE NEURONEN, WELCHE DIE MUSKEL-BEWEGUNGEN DER AMEISE KONTROLLIEREN.
DIE ZOMBIE-AMEISE SUCHT SICH EINEN GRASHALM, UM GEFRESSEN ZU WERDEN, UND DER ZYKLUS BEGINNT VON NEUEM ...
ZAP
Das Universum hat auch ein Wunderding erschaffen: das menschliche Gehirn.
PeopleTV
SAMANTHA, DIE LAGE ERFORDERT ANALYSE UND REFLEXION.
Unser Gehirn, Sitz des Bewusstseins und subtiler Gedanken.
ICH BIN SICHER, DASS ICH DIESE NUSS MIT MEINEN ARSCH-BACKEN KNACKEN KANN!
HIHI... ÄHM ... NICHT GANZ EINFACH, MIT MEINEN NEUEN LIPPEN ZU LACHEN.

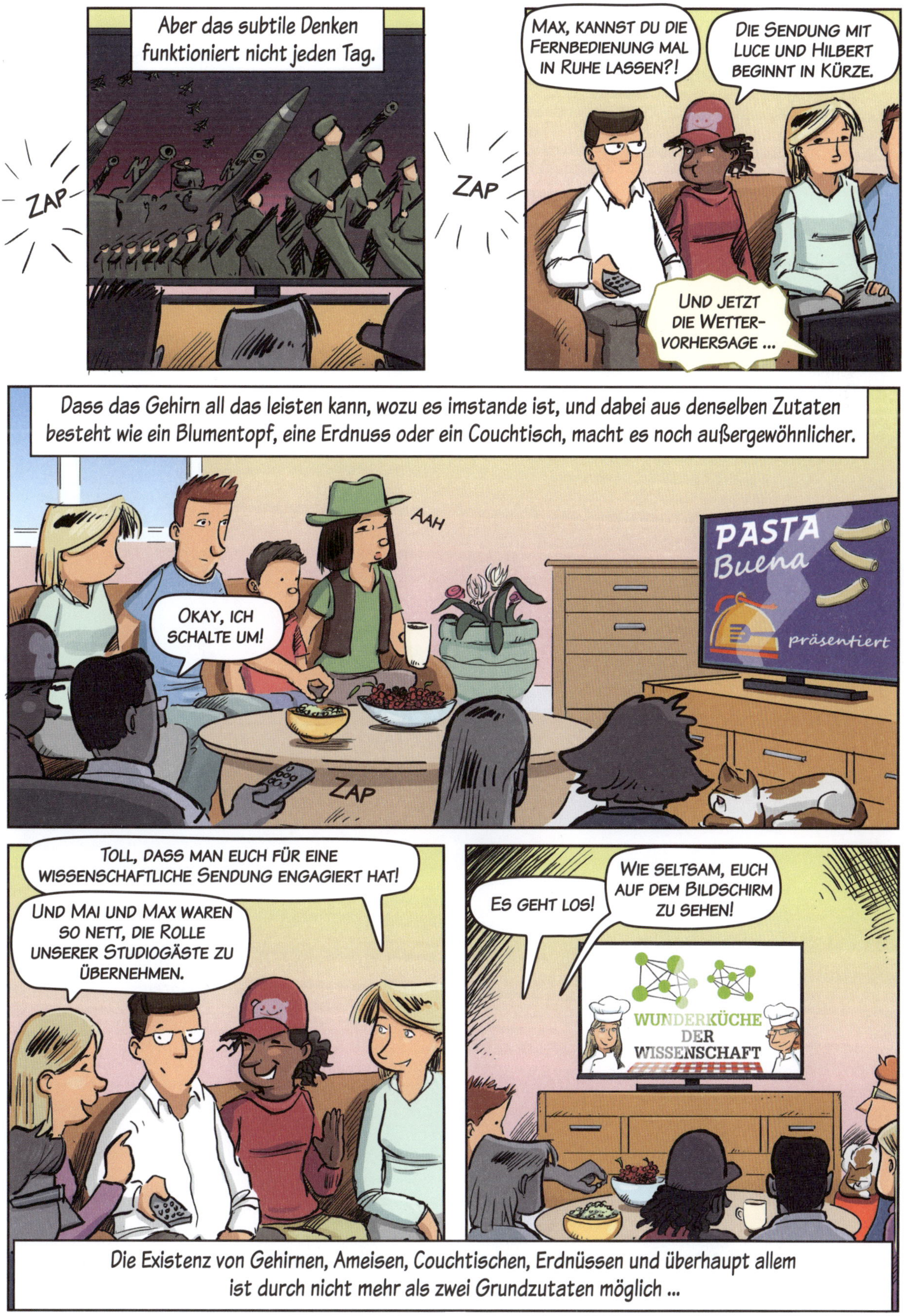

Aber das subtile Denken funktioniert nicht jeden Tag.
ZAP
ZAP
MAX, KANNST DU DIE FERNBEDIENUNG MAL IN RUHE LASSEN?!
DIE SENDUNG MIT LUCE UND HILBERT BEGINNT IN KÜRZE.
UND JETZT DIE WETTERVORHERSAGE ...
Dass das Gehirn all das leisten kann, wozu es imstande ist, und dabei aus denselben Zutaten besteht wie ein Blumentopf, eine Erdnuss oder ein Couchtisch, macht es noch außergewöhnlicher.
AAH
OKAY, ICH SCHALTE UM!
PASTA Buena
präsentiert
ZAP
TOLL, DASS MAN EUCH FÜR EINE WISSENSCHAFTLICHE SENDUNG ENGAGIERT HAT!
UND MAI UND MAX WAREN SO NETT, DIE ROLLE UNSERER STUDIOGÄSTE ZU ÜBERNEHMEN.
ES GEHT LOS!
WIE SELTSAM, EUCH AUF DEM BILDSCHIRM ZU SEHEN!
WUNDERKÜCHE DER WISSENSCHAFT
Die Existenz von Gehirnen, Ameisen, Couchtischen, Erdnüssen und überhaupt allem ist durch nicht mehr als zwei Grundzutaten möglich ...

Kapitel 1

FALL UND ZUFALL

Rezept für ein Universum – Sicherheitshinweis: „Wir lehnen jede Haftung für Schäden an Küchengeräten oder für existenzielle Krisen ab, falls Ihr Universum in eine Art von intelligenzbegabtem Leben münden sollte, das sich über das Chaos seiner Existenz beschwert."

Brian Cox und Robin Ince, *Wie man ein Universum baut*

Rezept für ein Universum
Wichtigste Zutat: nichts
(braucht etwas Zeit)
LIEBER HILBERT, UM EIN UNIVERSUM ZU ERSCHAFFEN, BRAUCHEN WIR VOR ALLEM EINE SCHÖNE KASSEROLLE VOLL ... VOLL LEERE.
IN DER TAT – VOLL LEERE. ABER ACHTUNG, LIEBE LUCE ... WIR MÜSSEN DAZUSAGEN, DASS ES SICH UM EINE LEERE HANDELT ... DIE NICHT LEER IST!
GENAU, HILBERT! WIR SPRECHEN HIER NICHT VON GEWÖHNLICHER LEERE.
NEIN, WIR BRAUCHEN EINE PREMIUM-LEERE MIT STARKEM POTENZIAL, EIN QUANTEN-VAKUUM.
ALLE ARTEN VON STRAHLUNG ODER VON TEILCHEN SIND HIER OFFENBAR ABWESEND ...
ABER DER ANSCHEIN, DASS TEILCHEN ODER ENERGIE FEHLEN, IST TRÜGERISCH: DAS UNSICHTBARE UND ALLGEGENWÄRTIGE QUANTENFELD BLEIBT IMMER IN BEWEGUNG. UND WER BEWEGUNG SAGT, SAGT ENERGIE!
DARUM IST DAS QUANTENVAKUUM NICHT LEER.
KEINE „LEERE" IST WIRKLICH LEER.
KLONG
KLONG
DAS QUANTENVAKUUM IST GESPICKT MIT UNGEAHNTEN FLUKTUATIONEN POTENZIELLER ENERGIE.
HILBERT, ICH GLAUBE, WIR HABEN DAS VAKUUM JETZT GENUG GERÜHRT!
NUN GEBEN WIR UNSEREN TOPF MIT DEN FLUKTUATIONEN DES QUANTENVAKUUMS ...
... IN EINEN WELTALL-INKUBATIONS-HERD.
Zero gravity
DIE STANDARD-AUSFÜHRUNG REICHT SCHON ...
ABER AUFGEPASST, HIER GIBT ES KEINE SCHWERKRAFT.

SCHIEBEN WIR JETZT EIN BISSCHEN LEERE IN DER MITTE DIESES „RAUMS" ZUSAMMEN.
DER BEGRIFF FÜHRT IN DIE IRRE: EIGENTLICH SOLL SO ETWAS WIE „RAUM" ERST MIT DEM UNIVERSUM ENTSTANDEN SEIN.
WIR ENTNEHMEN MIT EINER PIPETTE EIN BISSCHEN NICHT-LEERE.
GAR NICHT SO LEICHT, KURS ZU HALTEN @*#!!
EINE FLUKTUATION SOLLTE GENÜGEN.
SO!
PLICK
NUN ABER SCHNELL WEG!
WIESO DENN?!
DAMIT WIR KEINEN URKNALL INS GESICHT KRIEGEN.
OKAY, ICH KOMME!
FÜR DIE BODENHAFTUNG KÖNNTEN WIR NÄCHSTES MAL SCHUHE MIT MAGNETSOHLEN ANZIEHEN.
BLAMM
GUTE IDEE! FÜR EINEN WELTALL-INKUBATOR IST SO EIN STRICK ARG WESTERNMÄSSIG.
STELLEN WIR DIE BACKOFEN-UHR JETZT AUF UNGEFÄHR 10^{-35} SEKUNDEN!
KLACK
UND JETZT ... SCHAUEN WIR MAL!
ACHTUNG, DAS GEHT GANZ SCHN...

...ELL!
BIG BANG
DIE WINZIGE FLUKTUATION DES VAKUUMS IST AUFGEGANGEN WIE EIN HEFETEIG: DAS IST DIE „KOSMOLOGISCHE INFLATION"! IM BRUCHTEIL EINER SEKUNDE SIND RAUM UND ZEIT ENTSTANDEN!
ÄHM ... WAS MACHEN WIR MIT DEM REST?
ES IST WIE EIN MARSHMALLOW, DAS ZU KOSMISCHER GRÖSSE ANSCHWILLT – DIE QUANTENFLUKTUATION HAT EIN AUSSERGEWÖHNLICH HOMOGENES **PLASMA** ERZEUGT! DIE ENERGIE IST IN FORM VON MATERIE, ANTIMATERIE UND STRAHLUNG FREIGESETZT WORDEN.
PROBLEM: WENN MATERIE UND ANTIMATERIE SICH BERÜHREN, LÖSCHEN SIE EINANDER AUS! DAS ALLERFRÜHESTE UNIVERSUM HÄTTE SICH ALSO IN EINEM GEWALTIGEN ENERGIESTOSS SELBST VERZEHRT. WELCH HÖLLISCHES FINALE!
GEHEIMNISVOLLERWEISE HAT JEDOCH DIE MATERIE ÜBER DIE ANTIMATERIE DIE OBERHAND GEWONNEN UND DABEI EINE ASYMMETRIE GESCHAFFEN. SIE IST UNSERE CHANCE: IHR FORTBESTEHEN ERLAUBT ES, DASS ES IRGENDWANN MAL SIE UND MICH GEBEN WIRD!
DAS SIND „SIE" IM WERDEN (ES BLEIBEN NOCH EIN PAAR FEINARBEITEN)
NOCH EINE GUTE NACHRICHT: DER URKNALL IST WIE EIN TISCHFEUERWERK, IN DEM LAUTER ÜBERRASCHENDE DINGE STECKEN.
JUCHHU!
JUCHHU??

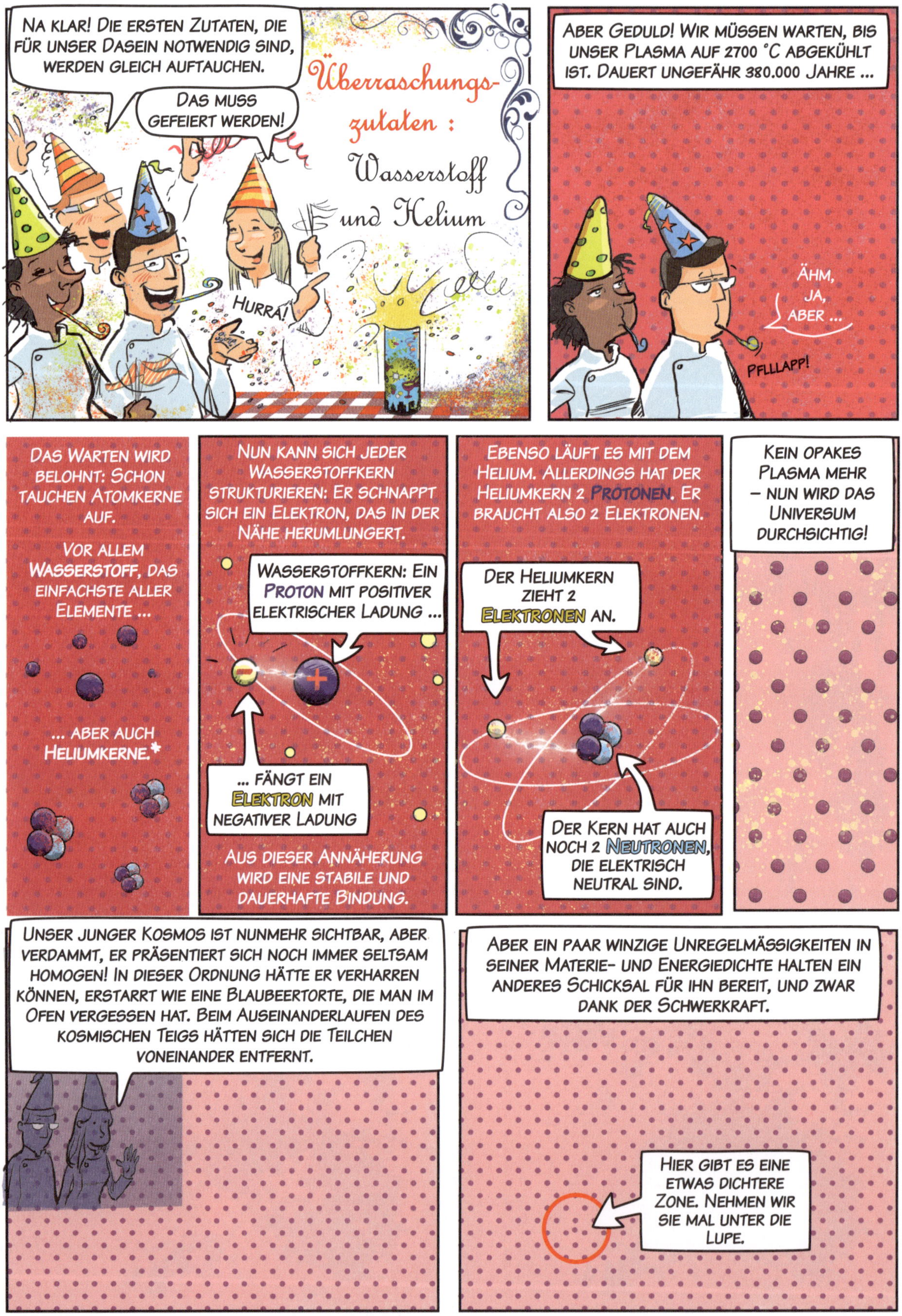

* Fügen wir noch eine Prise Lithium und Beryllium hinzu.

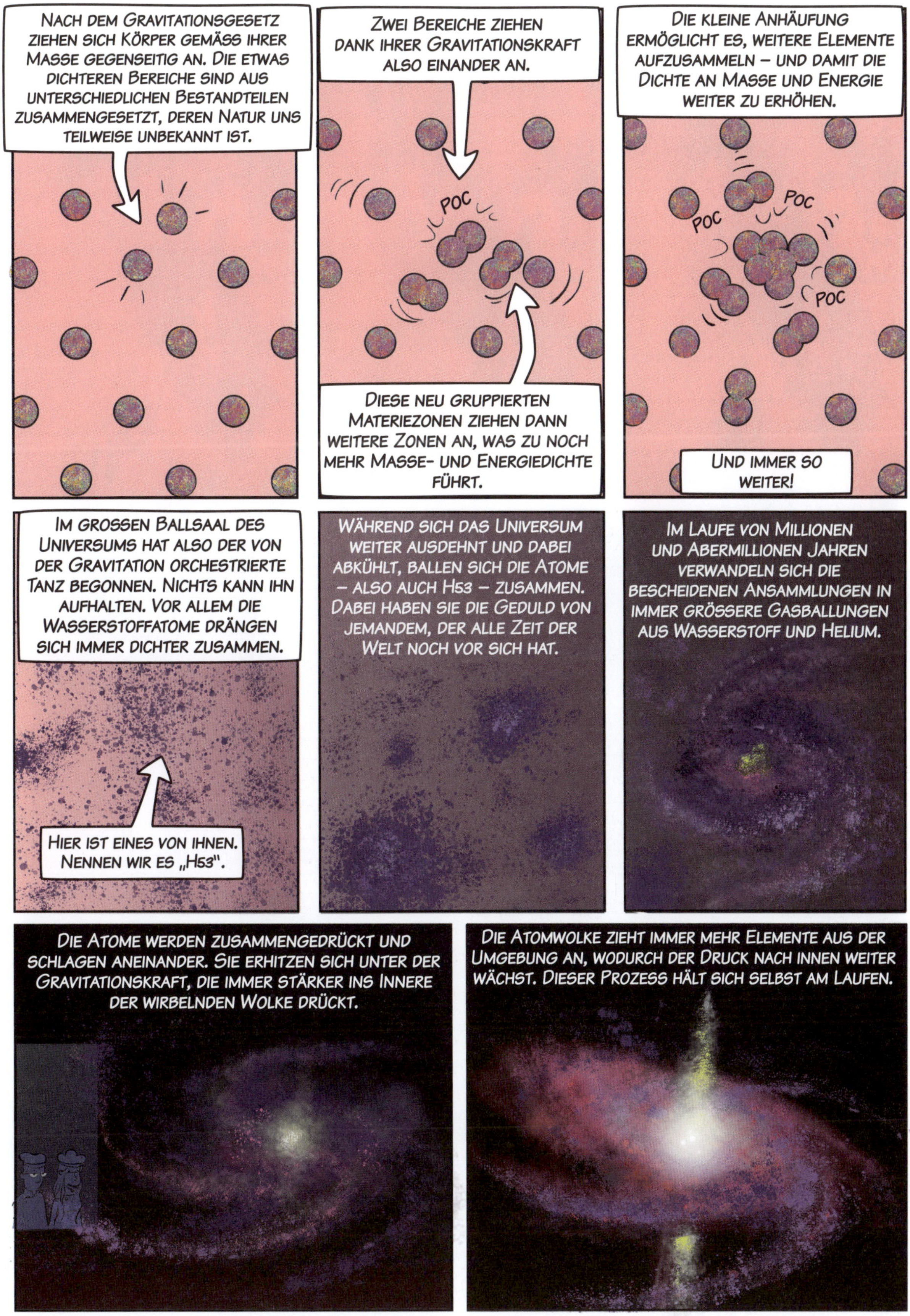

Nach dem Gravitationsgesetz ziehen sich Körper gemäss ihrer Masse gegenseitig an. Die etwas dichteren Bereiche sind aus unterschiedlichen Bestandteilen zusammengesetzt, deren Natur uns teilweise unbekannt ist.
Zwei Bereiche ziehen dank ihrer Gravitationskraft also einander an.
POC
Diese neu gruppierten Materiezonen ziehen dann weitere Zonen an, was zu noch mehr Masse- und Energiedichte führt.
Die kleine Anhäufung ermöglicht es, weitere Elemente aufzusammeln – und damit die Dichte an Masse und Energie weiter zu erhöhen.
POC
POC
POC
Und immer so weiter!
Im grossen Ballsaal des Universums hat also der von der Gravitation orchestrierte Tanz begonnen. Nichts kann ihn aufhalten. Vor allem die Wasserstoffatome drängen sich immer dichter zusammen.
Hier ist eines von ihnen. Nennen wir es „H53".
Während sich das Universum weiter ausdehnt und dabei abkühlt, ballen sich die Atome – also auch H53 – zusammen. Dabei haben sie die Geduld von jemandem, der alle Zeit der Welt noch vor sich hat.
Im Laufe von Millionen und Abermillionen Jahren verwandeln sich die bescheidenen Ansammlungen in immer grössere Gasballungen aus Wasserstoff und Helium.
Die Atome werden zusammengedrückt und schlagen aneinander. Sie erhitzen sich unter der Gravitationskraft, die immer stärker ins Innere der wirbelnden Wolke drückt.
Die Atomwolke zieht immer mehr Elemente aus der Umgebung an, wodurch der Druck nach innen weiter wächst. Dieser Prozess hält sich selbst am Laufen.

DIE UM DIE ATOMKERNE KREISENDEN ELEKTRONEN WERDEN IN DIESEN GLUTKESSEL HINEINGEZOGEN, LÖSEN SICH AB UND WIRBELN IN ALLE RICHTUNGEN!
DIE ATOMKERNE HINGEGEN WIDERSTEHEN NOCH. DAS HIER SIND WASSERSTOFFKERNE.
ABER WENN DIE TEMPERATUR MEHRERE MILLIONEN GRAD ERREICHT, FUSIONIEREN SIE!
DIE WASSERSTOFFATOME SCHLIESSEN SICH ZUSAMMEN UND BILDEN EIN HELIUMATOM.
DIE VERSCHMELZUNG VON ATOMKERNEN („KERNFUSION") ERZEUGT GEWALTIGE ENERGIEN, DIE AM ÄUSSEREN RAND DER WOLKE FREIGESETZT WERDEN.
DIESE NACH AUSSEN ABGELEITETE ENERGIE BALANCIERT DIE SCHWERKRAFT AUS, DIE NACH INNEN WIRKT: DIE KONTRAKTION ZUM ZENTRUM DER WOLKE HIN ENDET, UND EIN GLEICHGEWICHT BILDET SICH AUS.
OOOH!
ANDERS GESAGT: EIN STERN WIRD GEBOREN!
DAS MUSS GEFEIERT WERDEN! DIE GEBURT DER ERSTEN STERNENGENERATIONEN ERMÖGLICHT DAS ENTSTEHEN VON NEUEN ÜBERRASCHUNGSZUTATEN!
YUPPI!
Überraschungs-zutaten:
Kohlenstoff
Sauerstoff
Stickstoff
DER STERN WIRD NÄMLICH NOCH HEISSER UND ERZEUGT NEUE ATOME. DAS IST DIE STELLARE NUKLEOSYNTHESE.
DIESMAL SIND DIE HELIUMATOME DRAN, SIE VERSCHMELZEN UND BILDEN ANDERE TYPEN VON ATOMEN MIT SCHWEREREN KERNEN. SIE HABEN MEHR PROTONEN.
ÄHM ... WIR RISKIEREN HIER NICHTS, ODER?!
Stickstoff (N): 7 Protonen
Kohlenstoff (C): 6 Protonen
Sauerstoff (O): 8 Protonen

DIESE NEUEN ATOME – KOHLENSTOFF, STICKSTOFF UND SAUERSTOFF – WERDEN ZUSAMMEN MIT DEM WASSERSTOFF MEHR ALS 90 % DER ATOME IHRES KÜNFTIGEN „ICH“ BILDEN.
UND DER GROSSE FUSIONS-RUMMEL GEHT WEITER. JE HÖHER DIE TEMPERATUR IM HERZEN DES STERNS IST, DESTO SCHWERER SIND DIE ENTSTEHENDEN KERNE.
BOING
PFTTT
TOING
DER STERN IST WIE EINE ZWIEBEL, ZUSAMMENGESETZT AUS SCHICHTEN VON ELEMENTEN, DIE ZUR MITTE HIN IMMER SCHWERER WERDEN. IM LAUFE SEINER ENTWICKLUNG WIRD ER SEINE FARBE UND SEINE GRÖSSE ÄNDERN.
UND DAS BEDEUTET: NEUE FUSIONEN VON ATOMKERNEN! UND NEUE ÜBERRASCHUNGSZUTATEN!
HURRA, EINE FUSION!!
JIPPI YEAH!!
Überraschungszutaten:
Magnesium,
Silizium,
Natrium,
usw.
DER STERN VERBRENNT ALSO SEINE LEICHTEN ELEMENTE, UM IMMER SCHWERERE ZU ERZEUGEN.
ETWA NEON, DESSEN KERN 10 PROTONEN ENTHÄLT; NATRIUM MIT 11 PROTONEN; MAGNESIUM MIT 12 PROTONEN ...
BOING
TWING
ALUMINIUM UND SEINE 13 PROTONEN; SILIZIUM MIT 14 PROTONEN ... UND DAS GEHT IMMER NOCH WEITER!
SWUIII
POP
PFTTT
WISSS
??
GNUP...

!?
PFTU!
KLONG
KLONG
DAS LETZTE ATOM, DAS IM HERZEN DES STERNS ERZEUGT WIRD, IST EISEN: EIN HÜBSCHES, 26 PROTONEN SCHWERES BABY. DAS SCHWERSTE, DAS SO EIN STERN ERSCHAFFEN KANN. UND AUCH DAS STABILSTE.
DIESES EISEN, DAS FÜR IHR BLUT SO WICHTIG IST UND IHM SEINE ROTE FÄRBUNG VERLEIHT, IST IN DEN STERNEN ZUR WELT GEKOMMEN.
UND DAS IST JETZT ALLES?
WAS DIE STELLARE NUKLEOSYNTHESE BETRIFFT, JA. ABER ... HM ... WIR TRETEN JETZT MAL EIN PAAR SCHRITTE ZURÜCK.
WARUM DENN?
WEIL GLEICH ALLES IN DIE LUFT GEHEN WIRD!
SAG MAL, WERDEN WIR DAFÜR BEZAHLT?
JA, MIT MAKKARONI.
AH JA ... DAS IST ES NATÜRLICH WERT.
GRRR ... GAR NICHT SO LEICHT MIT DIESEN SCH#@% -MAGNETSOHLEN!
KLING
KLING
KLONG
KLONG
DER STERN HAT ALLMÄHLICH SEINEN GANZEN BRENNSTOFF AUFGEBRAUCHT. SCHAUT IHN EUCH MAL DURCH DAS FENSTERCHEN AN.
KLACK!
DIE SCHWERKRAFT GEWINNT WIEDER DIE OBERHAND UND LÄSST DEN STERN IN SICH ZUSAMMENSTÜRZEN ...
... WORAUF EINE EXPLOSION FOLGT, EINE SUPERNOVA!
ACHTUNG, DAS STICHT EIN BISSCHEN IN DEN AUGEN.

* Kollision von sehr massereichen Neutronensternen

** Abgesehen vom Wasserstoff. Und manche Atome sind durch Zersplitterung von schwereren Kernen entstanden.

* Wir stellen uns hier der Einfachheit halber einen zweidimensionalen Raum vor.

DIE RAUMZEIT WIRD VON DER MATERIE DEFORMIERT, SODASS SIE AUSSIEHT WIE EIN UNSICHTBARES RELIEF VON HÜGELN UND TÄLERN. EINE KOSMISCHE ACHTERBAHN, AUF DER DIE MATERIETEILCHEN ENDLOS GLEITEN UND FALLEN. DAS FALLEN IST, WIE DER PHYSIKER CHRISTOPHE GALFARD SCHREIBT, „DIE NATÜRLICHSTE BEWEGUNG IM GESAMTEN UNIVERSUM".
ELEKTRON
PROTON
HIER FÄLLT NICHTS IN GERADER LINIE. SELBST DAS LICHT IST GEZWUNGEN, SEINE BAHN ZU KRÜMMEN.
NEUTRON
DAS SCHICKSAL EINES JEDEN TEILCHENS, EINER JEDEN ZUSAMMENBALLUNG VON MATERIE ENTSCHEIDET SICH JE NACH DEN STEIGUNGEN UND ABHÄNGEN, DIE DURCHLAUFEN WERDEN. EINE IRRFAHRT MIT STÄNDIGEM AUF UND AB.
ZUMMMM
EINE IRRFAHRT, DIE MAL BESCHLEUNIGT WIRD DURCH DEN SWING-BY-EFFEKT IM ORBIT EINES STERNS ...
WUTSCH
... MAL JÄH GESTOPPT DURCH EINEN ANDEREN HIMMELSKÖRPER, DER IM WEGE STEHT.
POC
DIE MATERIEKÖRNCHEN DURCHSTREIFEN ALSO DAS ALL IN ABHÄNGIGKEIT VON DEN WÖLBUNGEN DER RAUMZEIT. WAS DIE STERNE BETRIFFT, SO GRUPPIEREN SIE SICH ZU GROSSEN HAUFEN UND BILDEN SO RICHTIGE GRAVITATIONS-STAUBSAUGER.
DIE VON EINER DIESER UNZÄHLIGEN GALAXIEN AUSGEÜBTE GRAVITATION SCHNAPPT SICH EINE TEILCHENWOLKE – MATERIESTAUB, DEN DER ZUFALL NACH SEHR LANGER REISE HIER VORBEIGEFÜHRT HAT.
GENAU HIER PASSIERT'S!

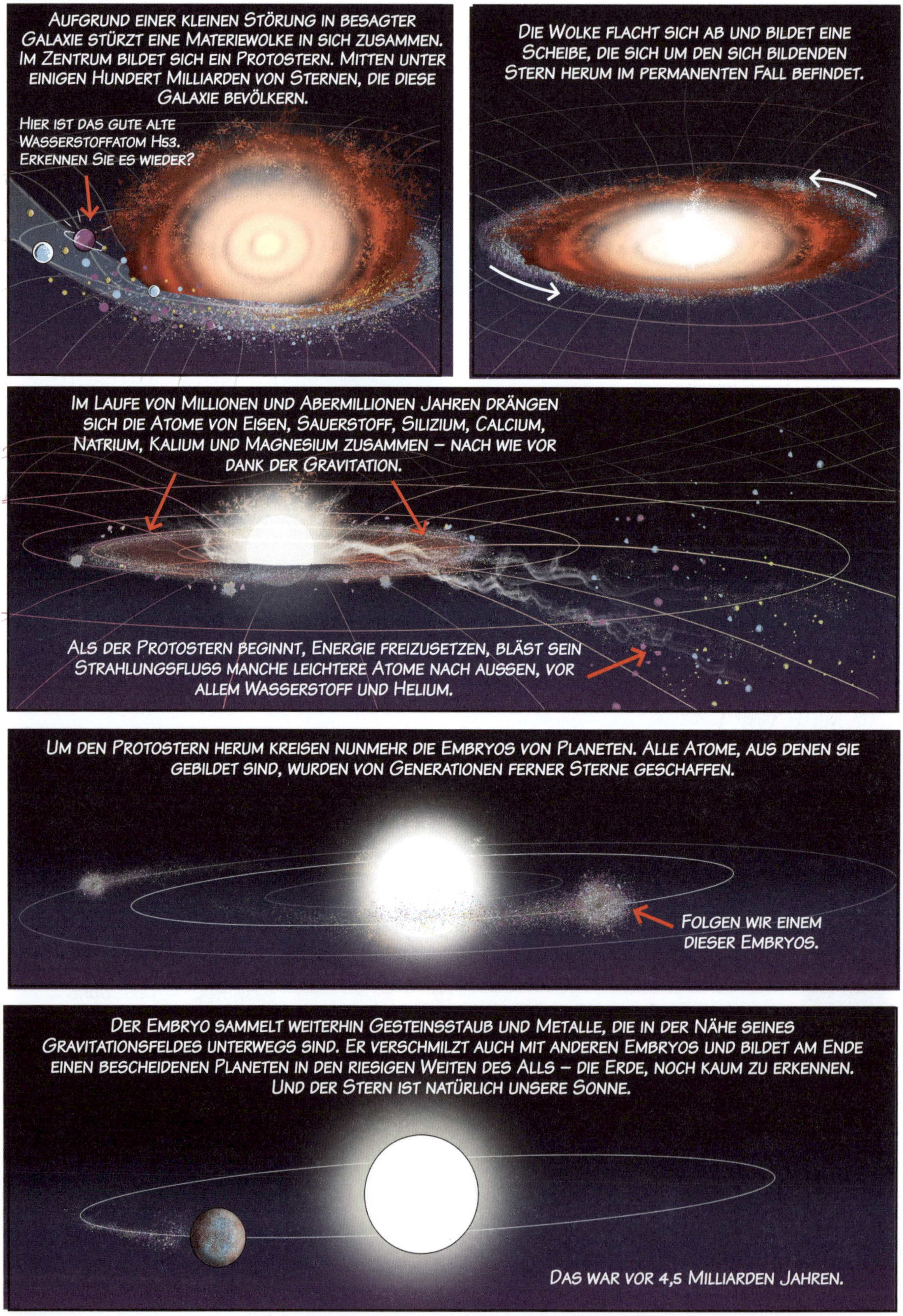
AUFGRUND EINER KLEINEN STÖRUNG IN BESAGTER GALAXIE STÜRZT EINE MATERIEWOLKE IN SICH ZUSAMMEN. IM ZENTRUM BILDET SICH EIN PROTOSTERN. MITTEN UNTER EINIGEN HUNDERT MILLIARDEN VON STERNEN, DIE DIESE GALAXIE BEVÖLKERN.
HIER IST DAS GUTE ALTE WASSERSTOFFATOM H53. ERKENNEN SIE ES WIEDER?
DIE WOLKE FLACHT SICH AB UND BILDET EINE SCHEIBE, DIE SICH UM DEN SICH BILDENDEN STERN HERUM IM PERMANENTEN FALL BEFINDET.
IM LAUFE VON MILLIONEN UND ABERMILLIONEN JAHREN DRÄNGEN SICH DIE ATOME VON EISEN, SAUERSTOFF, SILIZIUM, CALCIUM, NATRIUM, KALIUM UND MAGNESIUM ZUSAMMEN – NACH WIE VOR DANK DER GRAVITATION.
ALS DER PROTOSTERN BEGINNT, ENERGIE FREIZUSETZEN, BLÄST SEIN STRAHLUNGSFLUSS MANCHE LEICHTERE ATOME NACH AUSSEN, VOR ALLEM WASSERSTOFF UND HELIUM.
UM DEN PROTOSTERN HERUM KREISEN NUNMEHR DIE EMBRYOS VON PLANETEN. ALLE ATOME, AUS DENEN SIE GEBILDET SIND, WURDEN VON GENERATIONEN FERNER STERNE GESCHAFFEN.
FOLGEN WIR EINEM DIESER EMBRYOS.
DER EMBRYO SAMMELT WEITERHIN GESTEINSSTAUB UND METALLE, DIE IN DER NÄHE SEINES GRAVITATIONSFELDES UNTERWEGS SIND. ER VERSCHMILZT AUCH MIT ANDEREN EMBRYOS UND BILDET AM ENDE EINEN BESCHEIDENEN PLANETEN IN DEN RIESIGEN WEITEN DES ALLS – DIE ERDE, NOCH KAUM ZU ERKENNEN. UND DER STERN IST NATÜRLICH UNSERE SONNE.
DAS WAR VOR 4,5 MILLIARDEN JAHREN.

DIE ERDE IST NICHT ALLEIN. DREI ANDERE FELSIGE PLANETEN KREISEN IN DER NÄHE UMHER.
NEPTUN
URANUS
JUPITER
MARS
VENUS
SATURN
MERKUR
ERDE
WEITER AUSSEN IST ES EINIGEN GASFÖRMIGEN PLANETEN GELUNGEN, WASSERSTOFF UND HELIUM EINZUFANGEN.
ALLES, WAS UNS UMGIBT, EXISTIERT ALSO DURCH FALL UND ZUFALL – DAS SIND DIE WELTENMACHER!
GRAVITATION IST DIE QUELLE ALLER STRUKTUREN DES KOSMOS. OHNE GRAVITATION HÄTTEN SICH DIE MATERIE- UND GASKÖRNCHEN IN EINEM RIESIGEN UND STERILEN UNIVERSUM ZERSTREUT.
BEI DIESEM REZEPT GIBT ES NICHT VIEL ZU TUN! IST NICHT WENIGSTENS WAS UMZURÜHREN?
IM TOPF IST NOCH EIN BISSCHEN VAKUUM – FALLS DU MAL RÜHREN WILLST ...
BLOSS NICHT! EINE FALSCHE BEWEGUNG MIT DEM LÖFFEL, UND ZACK: ICH LASSE EIN PARALLELUNIVERSUM AUFSCHÄUMEN!
UND EIN UNIVERSUM IST WIE EINE SCHUBLADE MIT SOCKEN, EIN COMPUTER-UPDATE ODER EIN SPEEDDATING – MAN WEISS NIE, WAS RAUSKOMMT!
DU HAST DIE PRALINEN-SCHACHTEL VERGESSEN.
ECHT GEFÄHRLICH!
DIE ENERGIE DES QUANTENVAKUUMS KÖNNTE UNS VOLL INS GESICHT KNALLEN. WAS MEINST DU, HILBERT?
NEIN, DIE ENERGIE DES QUANTENVAKUUMS STEHT UNS NICHT DIREKT ZUR VERFÜGUNG ...

VERFÜGBARE ENERGIE, DAS SIND IMMER NOCH DIE STERNE! NACHDEM SIE ATOME GESCHAFFEN UND DIE RAUMZEIT GEKRÜMMT HABEN, IST IHR DRITTER JOB IN DER KÜCHE DES UNIVERSUMS, DIE EINGEFANGENE ENERGIE FREIZUSETZEN ...
EINGEFANGEN?! WELCHE ENERGIE?
DIE DER MATERIE!
ENERGIE = MASSE, UND UMGEKEHRT!
NACH EINSTEINS BERÜHMTER FORMEL E = MC².
HAHA
HAHA
ÄH, JA
UNSER NICKEN MUSS NICHT SEHR ÜBERZEUGEND GEWIRKT HABEN ...
ICH KOMME GLEICH WIEDER!
NEHMEN WIR ZUM BEISPIEL DIESE PACKUNG NUDELN.
PASTA Buena
EINE SCHÖNE PACKUNG DER KÖSTLICHEN MAKKARONI VON PASTA BUENA! DIE NUDEL AUS EINER ANDEREN DIMENSION!
DIE HABEN EIN SCHMALES BUDGET, ODER?!
KÖNNTE MAN MEINEN!
PASTA Buena
DIESE SCHACHTEL SENDET WELLEN AUS – LICHTWELLEN! DAS LICHT KANN SICHTBAR ODER UNSICHTBAR SEIN. ES WIRD VON PHOTONEN GETRAGEN.
PASTA Buena
LICHT IST NICHTS ANDERES ALS ELEKTROMAGNETISCHE STRAHLUNG.
SICHTBARES LICHT?
UNSICHTBARES?
STRAHLUNG?
WELLEN?
ELEKTRO-MAGNETISCH??
?
PHOTONEN ??
PASTA Buena
OKAY, OKAY ... ES IST VIEL EINFACHER, ALS ES SICH ANHÖRT. ALL DIESE BEGRIFFE BEZEICHNEN IN WAHRHEIT EIN EINZIGES PHÄNOMEN ...
... DIE ENERGIE!
DIESE ENERGIE REIST MITTELS ELEKTRO-MAGNETISCHER WELLEN.
MIT EINER GESCHWINDIGKEIT VON UNGEFÄHR 300.000 KILOMETERN PRO SEKUNDE.

* Und dessen Temperatur über dem absoluten Nullpunkt von minus 273,15 Grad Celsius liegt.

* Es würden Quarks übrigbleiben, deren Masse im Wesentlichen auch ... Energie ist (siehe Seite 30).

ABER WAS HAT DIE LICHTGESCHWINDIGKEIT IN DER SCHACHTEL ZU SUCHEN?
ALBERT EINSTEIN HAT ALS ERSTER VERSTANDEN, DASS DIE LICHTGESCHWINDIGKEIT NICHT NUR DAS MASS EINES PHYSIKALISCHEN PHÄNOMENS IST, SONDERN AUCH EINE UNIVERSELLE KONSTANTE.
PASTA Buena
DIESE KONSTANTE C, DIE LICHTGESCHWINDIGKEIT, IST IN ALLEN PROZESSEN PRÄSENT, IN DENEN EINE ENERGIE E EINE ROLLE SPIELT. SOGAR DANN, WENN KEIN „LICHT" DIREKT MIT IM SPIEL IST.
E = MC²
TAP
TAP
PASTA Buena
UND WENN MC² JOULE ENERGIE ABGESTRAHLT WERDEN, UM DIESE MASSE AUF NULL ZU REDUZIEREN, DANN MUSS DIESE ENERGIEMENGE SCHON IN DER SCHACHTEL ENTHALTEN GEWESEN SEIN, BEVOR DER PROZESS BEGONNEN HAT. DAZU MUSS MAN DIE GLEICHUNG NUR UMSTELLEN.
M = E / C²
PASTA Buena
DIE ENERGIE IST SOZUSAGEN GEFANGEN IN DER MASSE DIESER MAKKARONIPACKUNG!
ALL DAS WIRFT FRAGEN NACH DER NATUR DER MATERIE AUF!
UND NACH DER NATUR DER MAKKARONI!
WIR HABEN LANGE GEGLAUBT, DIE MATERIE BLIEBE BEI ALLEN PHYSIKALISCHEN PROZESSEN ERHALTEN.
DAS IST FALSCH. MATERIE IST NUR EIN VORÜBERGEHENDER ZUSTAND ...
WAS BLEIBT, IST DIE ENERGIE. SIE IST IMMER DA UND BLEIBT ERHALTEN.
WIR LEBEN IN EINER WELT AUS ENERGIE, NICHT IN EINER WELT AUS MATERIE!

UNSERE MASSE IST ÜBRIGENS NICHT DIE SUMME DER ATOME, AUS DENEN WIR BESTEHEN. SIE WIRD ZU 99 % VON DER ENERGIE DER QUARKS ERZEUGT, DIE SICH IM INNEREN UNSERER ATOME HERUMBEWEGEN. DIESE ENERGIE ERSCHAFFT UNSERE MASSE.
UND SIE KOMMT VOM QUANTENVAKUUM.
UNSERE MASSE IST ENERGIE, DIE ... AUS DEM VAKUUM KOMMT?!
Quarks
GURGEL
BLOB
DIE RIESIGE ENERGIEMENGE, DIE IN EINER MASSE ENTHALTEN IST, KANN NUR SCHWER GENUTZT WERDEN: EIN ENORMER DRUCK UND GIGANTISCHE TEMPERATUREN SIND NÖTIG, UM DIE ATOMKERNE VERSCHMELZEN ZU LASSEN.
DIESE HEISSE KOHLE ZUM BEISPIEL IST NUR DURCH EINEN CHEMISCHEN PROZESS IN WASSERDAMPF, KOHLENDIOXID UND ANDERE NEBENPRODUKTE DER VERBRENNUNG VERWANDELT WORDEN.
HIERVON SIND NUR DIE ELEKTRONEN DER ATOME BETROFFEN.
Elektronen
UND SO WIRD NUR EIN WINZIGER TEIL DER MASSE DIESER KOHLE WIRKLICH IN WÄRMEENERGIE GEMÄSS E = MC² UMGEWANDELT: EINE CHEMISCHE REAKTION GREIFT NICHT DIE SEHR STABILEN ATOMKERNE AN.
UNSERE MAKKARONI-PACKUNG WIRD NICHT SO SCHNELL VERSCHWINDEN.
KOMMEN WIR ABER AUF UNSERE STERNE ZURÜCK: SIE SIND DIE WAHREN CHAMPIONS DER ENERGIE-ENTZIEHUNG! JEDEN AUGENBLICK BESCHÄFTIGEN SIE SICH MIT ...
HMPF ... MIT DER FUSION VON ATOMKERNEN?
JAAA!
SUPER
TÜT-TÜT
UNSERE SONNE ETWA FUSIONIERT VOR ALLEM WASSERSTOFF UND VERWANDELT ES DABEI IN HELIUM.
WASSERSTOFF-ATOME
HELIUMATOME
100 KG
99,3 KG
BEI DER FUSION VON 100 KILO WASSERSTOFF ENTSTEHEN UNGEFÄHR 99,3 KILO HELIUM.
WAS IST AUS DEN ÜBRIGEN 0,7 KILO GEWORDEN? NA?!
ÖH ... VIELLEICHT STRAHLUNG?
GENAU! ELEKTROMAGNETISCHE WELLEN! PURE ENERGIE. LICHT, DAS IN DEN RAUM FREIGESETZT WIRD.

ANDERS GESAGT, EIN TEIL DER MASSE UNSERER SONNE IST IN ENERGIE UMGEWANDELT WORDEN. E = MC²!
IN JEDER SEKUNDE VERLIERT DIE SONNE 4 MILLIONEN TONNEN ...
... DIE IN REINE ENERGIE TRANSFORMIERT WERDEN!
DIE SONNE HAT ES ERMÖGLICHT, DASS WIR SIND – DASS IHR HIER SEID!
DAMIT ENDET DIE ERSTE FOLGE UNSERER REIHE „WUNDERKÜCHE DER WISSENSCHAFT".
DANKE FÜRS ZUSCHAUEN.
UND GROSSEN DANK AN MAI UND MAX, DIE UNS BEGLEITET HABEN!
MAX, WIR MÜSSEN ECHT DARAN ARBEITEN, NATÜRLICH ZU WIRKEN ...
KANN MAN NATÜRLICHKEIT TRAINIEREN?
COOL, IHR WART IM FERNSEHEN!
BRAVO, EINE SCHÖNE SENDUNG!
LUCE UND HILBERT HABEN TOLLE ARBEIT GELEISTET!
Das war WUNDERKÜCHE DER WISSENSCHAFT
DIESE SENDUNG WURDE IHNEN PRÄSENTIERT VON PASTA BUENA, DER NUDEL AUS EINER ANDEREN DIMENSION!
UND, HABEN EUCH DIE NUDELN VOM HOCKER GERISSEN?
ICH HABE NOCH NICHT MEINEN MASTER IN MAKKARONIWISSENSCHAFTEN ...
... ABER TROTZDEM ÄHNELN SIE ANDEREN MAKKARONI SEHR.
VIELLEICHT IST DIE KONSISTENZ EIN GANZ KLEINES BISSCHEN ANDERS ...
JA, TRÄUME ICH, ODER HABEN DIE VON DER ENTSTEHUNG DER WELT NICHTS IM KOPF BEHALTEN ALS DIE KONSISTENZ VON MAKKARONI?
SAG ICH DIR JA – DIE MENSCHHEIT IST NOCH NICHT BEREIT, DIE GALAXIS ZU EROBERN.

ABER WO IST H53, DAS WASSERSTOFFATOM VOM ANFANG? IST ES NOCH DA?
CRUNCH
SCRUNCH
JA, BASTIEN, VERMUTLICH SCHON! ATOME SIND QUASI EWIG. DIE VOM URKNALL SIND IMMER NOCH DA, MITTEN UNTER UNS.
VIELLEICHT IST H53 IM OHR DEINES ONKELS ADAM?
SKRUTSCH
BEI MIR IM ...?
HA HA HA
MAMPF
UND WENN DIE AUSGANGS-BEDINGUNGEN DES UNIVERSUMS EIN KLEIN WENIG ANDERS GEWESEN WÄREN?
DAS HÄTTE ALLES GEÄNDERT!
DAS URANFÄNGLICHE VERHÄLTNIS DER MASSE-ENERGIE ZU EINEM BESTIMMTEN VOLUMEN – DIE **INITIALDICHTE** – BLEIBT NÄMLICH WEITERHIN SEHR MYSTERIÖS.
WIR WISSEN, DASS DIESE DICHTE UNGLAUBLICH FEIN EINGESTELLT GEWESEN SEIN MUSS, UND ZWAR, WIE DER ASTROPHYSIKER TRINH XUAN THUAN SCHÄTZT, IN EINER GRÖSSENORDNUNG VON 10^{-60}, ALSO 0,000000000000000000000000000000000000000000000000 00000000001. ANDERS GESAGT: WENN SICH EINE EINHEIT ÄNDERN WÜRDE, UND SEI ES 60 STELLEN HINTERM KOMMA, WÄRE ALLES ANDERS!
EINE UM EIN WINZIGES HÖHERE DICHTE? DIE MATERIE HÄTTE DANN EINE GRÖSSERE ANZIEHUNGSKRAFT AUSGEÜBT UND SICH ZU SCHNELL UND ZU STARK ZUSAMMENGEBALLT.
POC!
POC!
POC!
POC!
POC
POC-POC

ES HÄTTE DIE AUSDEHNUNG DES UNIVERSUMS GEBREMST UND SCHLIESSLICH UMGEKEHRT. DAS WELTALL WÄRE IN DER WINZIGEN SPANNE VON ETWA 1 MILLION JAHREN IN SICH ZUSAMMENGESTÜRZT. EIN BIG CRUNCH, DER NOCH GAR NICHT DRAN WAR!
WÄRE DIE INITIALDICHTE HINGEGEN EIN KLEIN WENIG GERINGER GEWESEN, DANN HÄTTE DIE GRAVITATION NICHT AUSGEREICHT! DIE MATERIETEILCHEN HÄTTEN SICH MIT DER AUSDEHNUNG DES UNIVERSUMS ÜBERALLHIN VERSTREUT.
SO WÄRE DIE MATERIE IM ZUSTAND HERUMSCHWEBENDER TEILCHEN VERBLIEBEN – WIE EINE RIESIGE GASWOLKE.
WO SIND DENN DIE ERDNÜSSE?!
IN DIESEM STERILEN UNIVERSUM GÄBE ES WEDER STERNE NOCH PLANETEN, WEDER GALAXIEN NOCH ERDNÜSSE. NICHTS!
DIE WAHRSCHEINLICHKEIT EINER AUF GENAU 10^{-60} EINGESTELLTEN INITIALDICHTE DES UNIVERSUMS BLEIBT SCHWER ZU FASSEN. TRINH XUAN THUAN VERGLEICHT DIE ATEMBERAUBENDE PRÄZISION DIESER DICHTE MIT DER EINES BOGENSCHÜTZEN, DER ...
... EINEN EINZIGEN PFEIL IN DEN HIMMEL SCHIESST.
DIESER PFEIL WÜRDE SICH VON DER ERDE ENTFERNEN ...
... DURCH DAS GESAMTE SICHTBARE UNIVERSUM FLIEGEN ...
... UND SCHLIESSLICH EINE ZIELSCHEIBE VON 1 ZENTIMETER DURCHMESSER GENAU IN DER MITTE TREFFEN. UND DAS 14 MILLIARDEN LICHTJAHRE VON DER ERDE ENTFERNT!
TSCHACK!
ENDE DES SICHTBAREN UNIVERSUMS

* Coulomb oder Amperesekunde. Hat nichts mit dem „c" der Lichtgeschwindigkeit zu tun.

UND WENN DAS VERHÄLTNIS ZWISCHEN DER MASSE DES PROTONS UND DER DES ELEKTRONS NUR EIN GANZ KLEINES BISSCHEN UNTER 1836 LÄGE ...
... GÄBE ES KEINE STERNE UND KEIN LICHT. NICHTS!
STELLEN WIR UNS NUN VOR, DIESES PROTON WÄRE KNAPP 0,2 % GRÖSSER. FAST KEIN UNTERSCHIED.
DANN WÜRDE SICH DER BURSCHE IN EIN ...
NEUTRON VERWANDELN.
NEUTRONEN? DIE EXPLODIEREN DOCH?!
ABER NEIN, SIE SIND NEUTRAL.
POP
ALLERDINGS BEDEUTET SEINE NEUTRALE LADUNG, DASS ES SICH NICHT MIT EINEM ELEKTRON VERBINDEN KANN. ALSO KEINE ATOME, KEINE STERNE. NIX ALS DUNKELHEIT UND KÄLTE.
ZUM GLÜCK IST DAS NICHT DER FALL!
ICH FASS ES NICHT! HAST DU DIE „ELEKTRONEN"-WEINBEERE AUFGEGESSEN?!?
ÄH ... HILBERT BRAUCHTE SIE NICHT MEHR.
VERGESSEN WIR PROTONEN UND ELEKTRONEN. REDEN WIR VON DER GRAVITATIONSKRAFT.
SIEHST DU!
NA JA
G
ERHÖHEN WIR DIE GRAVITATIONSKONSTANTE G, WELCHE DIE GEGENSEITIGE ANZIEHUNG ZWEIER MASSEN AUSDRÜCKT, NUR UM EIN WINZIGES.

RESULTAT: DER KERN DER STERNE WÄRE ZU SEHR KOMPRIMIERT. ES GÄBE AM LAUFENDEN BAND NUKLEARE REAKTIONEN!
WÄRE HINGEGEN ...
... DIE GRAVITATIONSKONSTANTE ETWAS GERINGER, DANN WÄRE DIE ERDE ...
G
... EIN WINZLING.
GENAU SO KLEIN WIE DIE WEINBEERE, DIE DORT LI...
AHA!
OK
OK YOU WIN
ÄH ... DIE DORT MAL LAG.
DAS REZEPT DES UNIVERSUMS ENTHÄLT NOCH ZAHLREICHE ANDERE SUBTILE ZUTATEN, UND ALLES IST GANZ FEIN EINGESTELLT.
WIR KÖNNTEN DIE LISTE NOCH LÄNGER MACHEN!
BING
BUUM
COMPUTERSIMULATIONEN MIT ANDEREN TYPEN VON UNIVERSEN ERBRINGEN KAUM FRUCHTBARE RESULTATE.
ABER DAS PROBLEM IST, DASS WIR, WIE DER PHYSIKER CARLO ROVELLI SCHREIBT, AUSGEHEND VON DEN BASISGLEICHUNGEN ZIEMLICH UNFÄHIG WÄREN, DIE FUNKTIONSWEISE UNSERES EIGENEN UNIVERSUMS VORHERZUSAGEN. WIE SOLLEN WIR DA ERST GLAUBEN, WIR KÖNNTEN VORHERSAGEN, WAS MIT ANDEREN PARAMETERN IN ANDEREN UNIVERSEN PASSIEREN WÜRDE?
WIR WERDEN NOCH GELEGENHEIT HABEN, DARÜBER ZU SPRECHEN ...
MIST!
GAME OVER
WOLLEN WIR UNSER SCHÖNES UNIVERSUM NICHT AUF DER TERRASSE FEIERN? HILBERT, QIAN UND ICH HABEN EINE ÜBERRASCHUNG FÜR EUCH VORBEREITET!
EINE ÜBERRASCHUNG?! JAAA!
SIE IST HIER DRIN!
KLACK
KLACK

Kapitel 2

DIE ERDZEITALTER

„Es ist ein Naturgesetz, ein Grundprinzip der Biosphäre: der Wiederaufschwung ist in die Katastrophe mit eingeschrieben, denn es ist die Verwüstung selbst, die den Neustart ermöglicht. Und so läuft es seit Millionen Jahren und sicher noch geraume Zeit."

Alexis Jenni, *Dieser Planet ist nicht gerade sicher*

AUF DIESEM BILD SIEHT MAN EINE DARSTELLERIN MIT EINER UNTERSCHÄTZTEN ROLLE: DAS AUSSERGEWÖHNLICHE FRÄULEIN LUNA!
AUSSERGEWÖHNLICH SCHON WEGEN SEINER HERKUNFT.
ACH SO?
VOR 4,5 MILLIARDEN JAHREN SOLL DER PROTOPLANET THEIA MIT DER JUNGEN ERDE ZUSAMMENGEPRALLT SEIN. EINE STÜRMISCHE BEGEGNUNG!
DER AUFPRALL SOLL RIESIGE TRÜMMERMENGEN FORTGESCHLEUDERT HABEN, VON DENEN EIN TEIL IN DER ERDUMLAUFBAHN GEFANGEN BLIEB.
IM LAUFE DER ZEIT HABEN SICH DIESE TRÜMMER DANK DER GRAVITATION (SCHON WIEDER SIE!) ZUSAMMENGEBALLT UND EINEN NATÜRLICHEN SATELLITEN GEBILDET, DER IN RELATION ZUR ERDE SEHR VOLUMINÖS IST.
ERSTAUNLICHERWEISE IST DER KUSS DER BRUTALEN THEIA FÜR UNS EIN SEGEN GEWESEN.
DANK SEINER GRAVITATIONSKRAFT STABILISIERT DER MOND DIE ROTATIONSACHSE DER ERDE, GANZ WIE ES EINE BALANCIERSTANGE TUN WÜRDE.
Rotationsachse gegenwärtige Neigung 23,5°
ÜBER JAHRTAUSENDE HINWEG BETRACHTET IST DIE ERDACHSE NÄMLICH INSTABIL. UNSER PLANET TRUDELT WIE EIN RIESIGER KREISEL, ABER DIE SCHWANKUNG HÄLT SICH ZUM GLÜCK IN GRENZEN.
23,5°
22°
24,5°
DANK DER STABILISIERENDEN WIRKUNG DER MONDMASSE VARIIERT DER WINKEL NUR UM ETWAS MEHR ALS EIN GRAD.

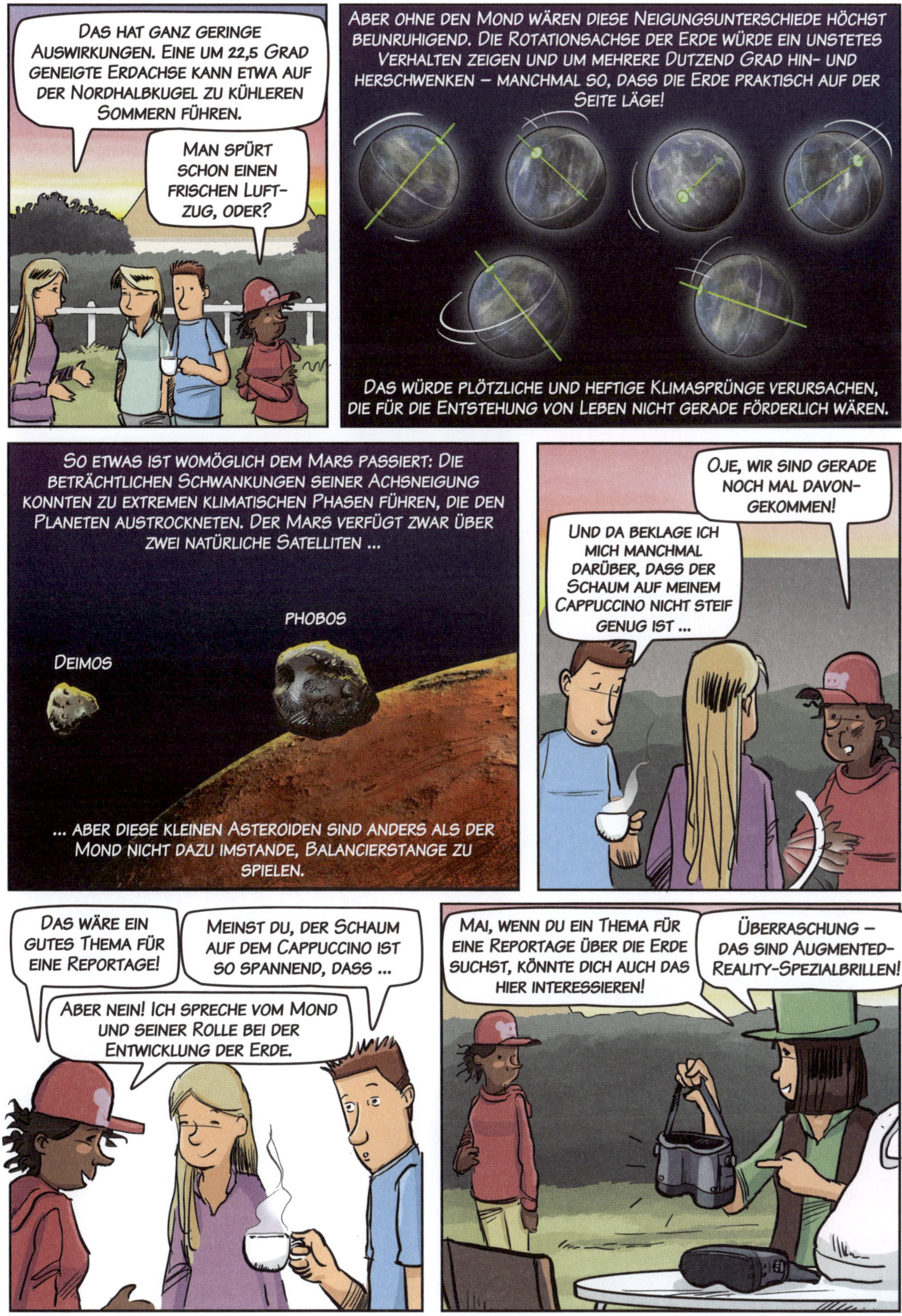
DAS HAT GANZ GERINGE AUSWIRKUNGEN. EINE UM 22,5 GRAD GENEIGTE ERDACHSE KANN ETWA AUF DER NORDHALBKUGEL ZU KÜHLEREN SOMMERN FÜHREN.
MAN SPÜRT SCHON EINEN FRISCHEN LUFT-ZUG, ODER?
ABER OHNE DEN MOND WÄREN DIESE NEIGUNGSUNTERSCHIEDE HÖCHST BEUNRUHIGEND. DIE ROTATIONSACHSE DER ERDE WÜRDE EIN UNSTETES VERHALTEN ZEIGEN UND UM MEHRERE DUTZEND GRAD HIN- UND HERSCHWENKEN – MANCHMAL SO, DASS DIE ERDE PRAKTISCH AUF DER SEITE LÄGE!
DAS WÜRDE PLÖTZLICHE UND HEFTIGE KLIMASPRÜNGE VERURSACHEN, DIE FÜR DIE ENTSTEHUNG VON LEBEN NICHT GERADE FÖRDERLICH WÄREN.
SO ETWAS IST WOMÖGLICH DEM MARS PASSIERT: DIE BETRÄCHTLICHEN SCHWANKUNGEN SEINER ACHSNEIGUNG KONNTEN ZU EXTREMEN KLIMATISCHEN PHASEN FÜHREN, DIE DEN PLANETEN AUSTROCKNETEN. DER MARS VERFÜGT ZWAR ÜBER ZWEI NATÜRLICHE SATELLITEN …
PHOBOS
DEIMOS
… ABER DIESE KLEINEN ASTEROIDEN SIND ANDERS ALS DER MOND NICHT DAZU IMSTANDE, BALANCIERSTANGE ZU SPIELEN.
UND DA BEKLAGE ICH MICH MANCHMAL DARÜBER, DASS DER SCHAUM AUF MEINEM CAPPUCCINO NICHT STEIF GENUG IST …
OJE, WIR SIND GERADE NOCH MAL DAVON-GEKOMMEN!
DAS WÄRE EIN GUTES THEMA FÜR EINE REPORTAGE!
MEINST DU, DER SCHAUM AUF DEM CAPPUCCINO IST SO SPANNEND, DASS …
ABER NEIN! ICH SPRECHE VOM MOND UND SEINER ROLLE BEI DER ENTWICKLUNG DER ERDE.
MAI, WENN DU EIN THEMA FÜR EINE REPORTAGE ÜBER DIE ERDE SUCHST, KÖNNTE DICH AUCH DAS HIER INTERESSIEREN!
ÜBERRASCHUNG – DAS SIND AUGMENTED-REALITY-SPEZIALBRILLEN!

UNSERE LIEBLINGSGEOLOGIN QIAN HAT NÄMLICH EINE VIRTUELLE BESICHTIGUNG VORBEREITET. HILBERT UND ICH HABEN IHR IN TECHNISCHEN FRAGEN GEHOLFEN.
WIR SUCHEN NOCH TESTPERSONEN. WIE WÄR'S?
NA GUT ... LOS GEHT'S!
JAAA
WIR WOLLEN MITHILFE DER ERWEITERTEN REALITÄT DIE ENTWICKLUNG DIESES FLECKCHENS ERDE HIER ZEIGEN, UND ZWAR ÜBER ECHT BEMERKENSWERTE ETAPPEN HINWEG.
UNSERE GEGEND HIER?
JA.
ABER BEI UNS IST DOCH ALLES GANZ BANAL. NICHTS „BEMERKENSWERTES"!
ACH SO, WIRKLICH? KOMMT MAL HER.
SCHAUT EUCH DIESEN FELSBLOCK HIER IM PARK AN. HAT DER EUCH NIEMALS STUTZIG GEMACHT?
ÄHM ... NÖ.
ICH WERDE EUCH EINE UNGLAUBLICHE GESCHICHTE ERZÄHLEN. IHR WERDET SEHEN, DASS WIR NICHT NUR DIE BILDUNG DES UNIVERSUMS ÜBERSTEHEN UND FALL UND ZUFALL VERKRAFTEN MUSSTEN. UNSER ÜBERLEBEN HING AUCH AN DEN ...
NA, IHR WERDET ES GLEICH SEHEN!
SETZEN WIR SCHON MAL DIE BRILLEN AUF!
ALLE STARTKLAR FÜR DIE ZEITREISE? MAL SEHEN, WIE UNSER „ZUHAUSE" VOR SEHR LANGER ZEIT AUSSAH.
BRILLE AUF BRILLE ... #&%*! NICHT GERADE EINFACH!

UND AB GEHT'S!
KLICK
SCHWUITSCH
WILLKOMMEN IM ARCHAIKUM VOR ETWA 4 MILLIARDEN JAHREN, ALSO 500 MILLIONEN JAHREN NACH ENTSTEHUNG DER ERDE. WIR HABEN GERADE DEN ÄON GEWECHSELT.
−4 000 000 000
FFFSCHHH
BRUMMMS
UNGLAUBLICH!
DONNER-WETTER!
FJLXAJXD
XFM...OPX
BRROAAMM
WAS SAGT SIE??
„EIN ÄON WECHSELT" ODER SO ...
FSSCHHH...
BOOOMM
WAS FÜR EIN NEON?
NEIN, „ÄON", NICHT „NEON"!
HÄÄ ... ? ÄONEON ?!
EIN ÄON IST EIN SEHR LANGER ABSCHNITT IN DER GEOLOGISCHEN ZEITRECHNUNG. VOR 4 MILLIARDEN JAHREN WAR DIE ERDE LÄRMERFÜLLT UND GLÜHEND HEISS ... ES GAB WENIG LUFT ZUM ATMEN ...
... UND DER PLANET WURDE BOMBARDIERT!
?
WUUUUMMS
DER MOND WAR UNS ZWÖLFMAL NÄHER! DIE ROTATION DER ERDE UM SICH SELBST VERLIEF WESENTLICH SCHNELLER: EIN TAG DAUERTE NICHT 24 STUNDEN, SONDERN NUR UNGEFÄHR 6.
WOW!
PUH, WAS FÜR EIN ORT! ZU HAUSE IST ES ECHT BESSER.

WIR SIND JA ZU HAUSE ... WENN AUCH VOR LANGER ZEIT.
ÜBRIGENS: SCHÖNER PLATZ ZUM SURFEN, GLEICH VOR DER HAUSTÜR!
DU MUSST BLOSS AUF DIE TSUNAMIS AUFPASSEN, DIE DURCH DIE NÄHE DES MONDES ENTSTEHEN ...
... UND DU BRAUCHST FEUERFESTE KLEIDUNG.
ABER DAVON ABGESEHEN EINE SCHÖNE STELLE, JA ...
UND WENN WIR NOCH MAL DEN ÄON WECHSELN?
NA GUT, LOS GEHT'S!
SCHWUITSCH
UND WAS BEDEUTET DAS „SCHWUITSCH"?
ACH, NICHTS, ICH FAND ES BLOSS SCHÖN, EINEN KLANGEFFEKT DABEIZUHABEN.
ICH HATTE AUCH „WISSSSS" UND „SCHUIII" IN DER ENGEREN WAHL.
BRRR ... „WANN" SIND WIR DENN NUN?
VOR 450 MILLIONEN JAHREN! WIR HABEN EINEN GROSSEN SPRUNG GEMACHT. DIE ERDE DURCHLIEF EINE PHASE STARKER VEREISUNG. UND ES KAM ZU EINEM ERSTEN MASSENAUSSTERBEN: ETWA 85 % ALLER LEBENSFORMEN VERSCHWANDEN, VON BAKTERIEN BIS ZU DEN ERSTEN MEERESTIEREN.
WILLKOMMEN IM ORDOVIZIUM!
–450 000 000
NA JA, „WILLKOMMEN" IST VIELLEICHT NICHT DAS PASSENDE WORT. WOLLEN WIR UNS HIER LANGE AUFHALTEN?
ODER LIEBER „SCHWUITSCH"?
JAA!!
SCHWUITSCH
„SCHWUITSCH" – JA, DAS IST GUT!

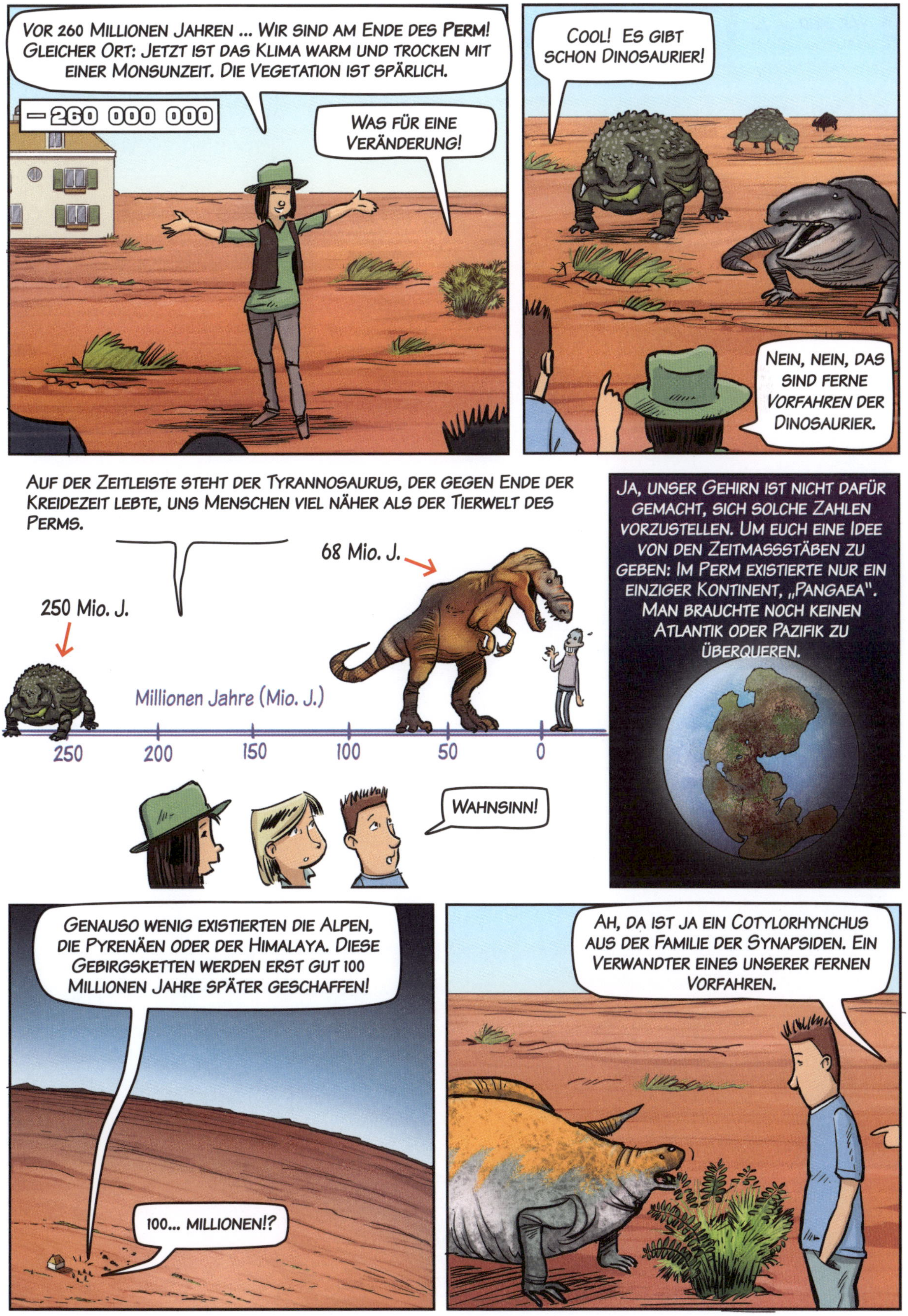

VOR 260 MILLIONEN JAHREN ... WIR SIND AM ENDE DES PERM! GLEICHER ORT: JETZT IST DAS KLIMA WARM UND TROCKEN MIT EINER MONSUNZEIT. DIE VEGETATION IST SPÄRLICH.
– 260 000 000
WAS FÜR EINE VERÄNDERUNG!
COOL! ES GIBT SCHON DINOSAURIER!
NEIN, NEIN, DAS SIND FERNE VORFAHREN DER DINOSAURIER.
AUF DER ZEITLEISTE STEHT DER TYRANNOSAURUS, DER GEGEN ENDE DER KREIDEZEIT LEBTE, UNS MENSCHEN VIEL NÄHER ALS DER TIERWELT DES PERMS.
68 Mio. J.
250 Mio. J.
Millionen Jahre (Mio. J.)
250
200
150
100
50
0
WAHNSINN!
JA, UNSER GEHIRN IST NICHT DAFÜR GEMACHT, SICH SOLCHE ZAHLEN VORZUSTELLEN. UM EUCH EINE IDEE VON DEN ZEITMASSSTÄBEN ZU GEBEN: IM PERM EXISTIERTE NUR EIN EINZIGER KONTINENT, „PANGAEA“. MAN BRAUCHTE NOCH KEINEN ATLANTIK ODER PAZIFIK ZU ÜBERQUEREN.
GENAUSO WENIG EXISTIERTEN DIE ALPEN, DIE PYRENÄEN ODER DER HIMALAYA. DIESE GEBIRGSKETTEN WERDEN ERST GUT 100 MILLIONEN JAHRE SPÄTER GESCHAFFEN!
100... MILLIONEN!?
AH, DA IST JA EIN COTYLORHYNCHUS AUS DER FAMILIE DER SYNAPSIDEN. EIN VERWANDTER EINES UNSERER FERNEN VORFAHREN.

In dieser Epoche ist doch alles, was Beine und Nasenlöcher hat, unser Vorfahr, oder?
Ja, irgendwie schon. Selbst wenn es keine Beine hat.
Auf der Skala des „Gesetzes des Stärkeren" belegst du nicht gerade einen Spitzenplatz, mein Alter ... Schade, muss man mal mit Darwin besprechen.
Wenn dich das tröstet: Auch wir sind nicht glorreich gestartet.
Der Arme wird keine Zeit haben, über die Vorzüge oder Nachteile der Evolution zu räsonieren. Bald wird der Cotylorhynchus ausgestorben sein.
Echt?
Im Perm ereignet sich das schlimmste Massenaussterben, das die Erde je erlebte: 95 % der Meereslebewesen und 70 % der landlebenden Arten wurden vom Globus getilgt! Unser braver Cotylorhynchus auch.
?
Auch die Insekten und die Pflanzenwelt wären beinahe verschwunden – kurz, das Leben selbst!
Über die Ursachen debattiert man noch. Eis, ein Supervulkan, geologische Bewegungen, Klimawandel oder doch ein Asteroid? Vielleicht eine Mischung aus alledem?
Was für ein Unglück!
Unglück? Kommt auf den Standpunkt an. Wäre der Mensch heute auf der Erde, wenn es das Massenaussterben im Perm nicht gegeben hätte? Das ist alles andere als sicher ...
Sei gegrüßt, meine reizende Cotylorhynchin von den Inseln!
Ich habe uns dieses hübsche postmesozoische Sofa gekauft!
Super, mein Schatz!
Und was essen wir heute Abend?
Farnwedel mit Wasser.
Schon wieder?
Ähm ... ja.

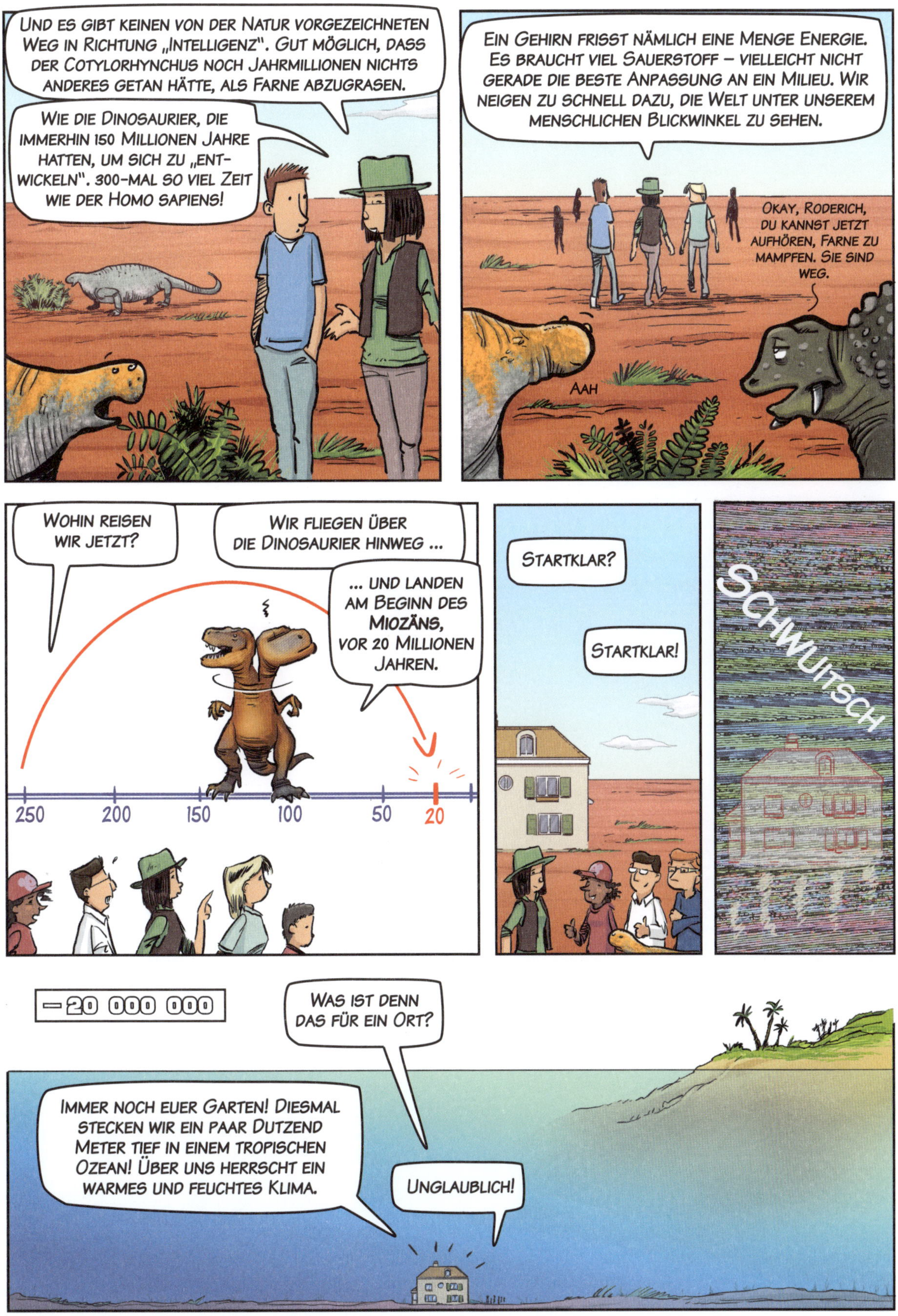

UND ES GIBT KEINEN VON DER NATUR VORGEZEICHNETEN WEG IN RICHTUNG „INTELLIGENZ". GUT MÖGLICH, DASS DER COTYLORHYNCHUS NOCH JAHRMILLIONEN NICHTS ANDERES GETAN HÄTTE, ALS FARNE ABZUGRASEN.
WIE DIE DINOSAURIER, DIE IMMERHIN 150 MILLIONEN JAHRE HATTEN, UM SICH ZU „ENT-WICKELN". 300-MAL SO VIEL ZEIT WIE DER HOMO SAPIENS!
EIN GEHIRN FRISST NÄMLICH EINE MENGE ENERGIE. ES BRAUCHT VIEL SAUERSTOFF – VIELLEICHT NICHT GERADE DIE BESTE ANPASSUNG AN EIN MILIEU. WIR NEIGEN ZU SCHNELL DAZU, DIE WELT UNTER UNSEREM MENSCHLICHEN BLICKWINKEL ZU SEHEN.
OKAY, RODERICH, DU KANNST JETZT AUFHÖREN, FARNE ZU MAMPFEN. SIE SIND WEG.
AAH
WOHIN REISEN WIR JETZT?
WIR FLIEGEN ÜBER DIE DINOSAURIER HINWEG ...
... UND LANDEN AM BEGINN DES MIOZÄNS, VOR 20 MILLIONEN JAHREN.
250 200 150 100 50 20
STARTKLAR?
STARTKLAR!
SCHWUITSCH
– 20 000 000
WAS IST DENN DAS FÜR EIN ORT?
IMMER NOCH EUER GARTEN! DIESMAL STECKEN WIR EIN PAAR DUTZEND METER TIEF IN EINEM TROPISCHEN OZEAN! ÜBER UNS HERRSCHT EIN WARMES UND FEUCHTES KLIMA.
UNGLAUBLICH!

Im Wasser wimmelt es von Tieren und Pflanzen aller Art.
Riesige Haie!
Oh ... Andere sind noch furchterregender.
Noch furchterregender? Wer denn zum Beispiel?
Der Megalodon! Ein 20 Meter langer Albtraum. Sein Maul war so gross wie ein Metroeingang.
Zum Weissen Hai von heute verhält er sich wie ein Rottweiler zu einem Chihuahua.
Ähm ... Max fühlt sich nicht gut.
Ist dir immer noch nach Surfen?
Das Monster ist weg, oder?!
Ja. Trink erst mal einen Schluck.
Alles okay, Max?
Hier wimmelt es von Leben!
Ja ... Und wir sehen nur eine Momentaufnahme.

Stellt euch einen Meeresfilm vor, der Millionen Jahre umfasst. Das Leben von Milliarden und Abermilliarden Meeresbewohnern im Schnelldurchlauf ...
... und auch ihr Tod! Über eine sehr lange geologische Zeitspanne hinweg.
Och, auf ein paar Millionen Jahre kommt's doch auch nicht an!
Milliarden von Muscheln und Skeletten aller Art lagern sich am Meeresgrund ab.
Schon wieder?!
Sie bilden Schichten, die Hunderte Meter dick sind. Darin vermischen sich Muschelschalen, Skelette und Schlamm.
Diese organischen Ablagerungen verfestigen sich allmählich mit dem Schlamm, bis sie schliesslich Gesteinsmassen bilden.
Tap! Tap!
Die Gesteine werden dann durch tektonische Bewegungen angehoben, und es entstehen Gebirgszüge an der Erdoberfläche.

DIESER SOGENANNTE „KALKSTEIN" IST WEIT VERBREITET, VOR ALLEM IN EUROPA UND NORDAMERIKA. AUSGEDEHNTE HOCHFLÄCHEN UND GEBIRGE – ETWA DER JURA – BILDEN SICH DURCH DIE ANHÄUFUNGEN VON MUSCHELN SOWIE ÜBERRESTEN VON HAIEN, MEGALODONS UND ANDEREN MEERESTIEREN, DIE SICH AUF DEM GRUND DER MEERE UND OZEANE ABSETZTEN.

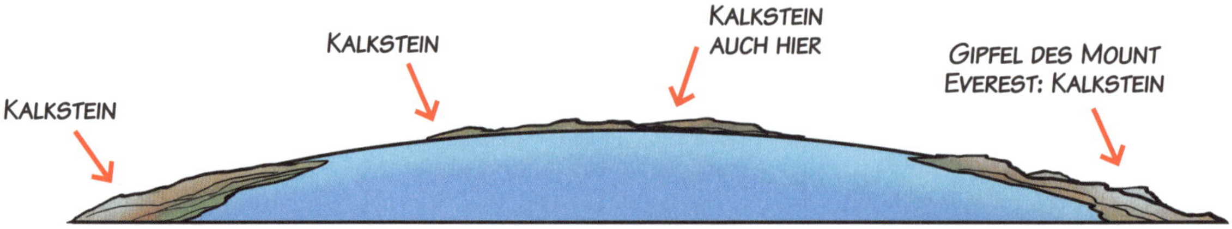

SCHWUITSCH
HUH, DAS IST EIN UNTERSCHIED! WIE SELTSAM! MIR IST, ALS STECKTEN WIR IN EINEM RIESIGEN ...
... EIS-WÜRFEL!
STIMMT JA AUCH!
–25 000
IN EINEM 300 METER HOHEN GLETSCHER.
SO SIEHT EUER GARTEN VOR GERADE MAL EIN PAAR TAUSEND JAHREN AUS – WÄHREND DER LETZTEN EISZEIT.
DER GLETSCHER ÜBT ENORMEN DRUCK AUS. WENN ER VORRÜCKT, WALZT ER ALLES AUF SEINEM WEG PLATT!
ER FÜHRT FELS-BLÖCKE UND VEGETATION MIT SICH.
DIE BÄUME FLIEGEN TIEF ...
... HÄTTE NIE GEDACHT, DASS ICH DIESEN SATZ JEMALS AUSSPRECHEN WÜRDE.
WANDERNDE FELSEN – MAN NENNT SIE **FINDLINGE** – KÖNNEN AUF DIESE WEISE HUNDERTE KILOMETER WEIT TRANSPORTIERT WERDEN.

UND SICH NACH LANGER REISE IRGENDWO ZUR RUHE SETZEN.
GENAU DORT!
DIESER FELSBLOCK LIEGT HEUTE NOCH DA. SEINE ZUSAMMENSETZUNG UNTERSCHEIDET SICH VON DER GEOLOGIE DES HEIMISCHEN GESTEINS: EIN BEWEIS DAFÜR, DASS ER EIN FINDLING IST.
EIN FINDLING GLEICH NEBEN UNSEREM HAUS?!
ENDE DER ZEITREISE! WILLKOMMEN IM 21. JAHRHUNDERT!
WOW! HAT ES DIR GEFALLEN, BASTIEN?
JAAA! ES WAR GENIAL!
ICH HOFFE, IHR KONNTET DER BESICHTIGUNG ETWAS ABGEWINNEN.
WAS FÜR EINE EXPEDITION! BRAVO!
OH, DU KANNST JETZT AUS DEM GLETSCHER RAUSKOMMEN ...
WIR HABEN GESEHEN, DASS UNSER PLANET IM GEOLOGISCHEN MASSSTAB WEDER BESONDERS STABIL NOCH BESONDERS SICHER IST! NACHDEM WIR WUNDERBARERWEISE AUS GENERATIONEN VON STERNEN HERVORGEGANGEN SIND UND DEN ZUFALLSBEDINGTEN STURZ VON MILLIARDEN TEILCHEN ÜBERLEBT HABEN, MUSSTEN WIR AUCH NOCH DIE SCHWEREN HERAUSFORDERUNGEN DER ERDE SELBST MEISTERN!

DAS GEDÄCHTNIS UNSERES PLANETEN IST IN SEINE GESTEINE EINGESCHRIEBEN. SCHAUT EUCH DIESEN STEIN AN. ICH HABE IHN GERADE AUFGESAMMELT. ER HAT NICHTS VIRTUELLES AN SICH.
DA SIEHT MAN MUSCHELFORMEN.
OH, UND DAS DA KÖNNTE MAN FÜR HAIFISCHZÄHNE HALTEN!
GENAU! DAS IST SOGENANNTER „MUSCHELKALK", DENN DIE BESTANDTEILE DER SEDIMENTE – MUSCHELN, ZÄHNE USW. – SIND NOCH KLAR ERKENNBAR.
SOLCHE AUS FOSSILIEN ENTSTANDENEN GESTEINE SIND WEIT VERBREITET. SIE WURDEN SOGAR FÜR DEN HÄUSERBAU VERWENDET. MANCHMAL ERKENNT MAN DIE MUSCHELSCHALEN UND HAIFISCHZÄHNE AN DEN FASSADEN!
HIER, BASTIEN, ICH VERTRAUE DIR DEN STEIN AN ...
QIAN, DU BIST ECHT EINE STEINEFLÜSTERIN.
COOL!
ES IST ZEIT AUFZUBRECHEN.
JA, ES WIRD SCHON DUNKEL.
WIR FAHREN AUCH LOS.
BIS BALD, LEUTE! PASST AUF, DASS IHR KEINEN MEGALODON UNTER DIE RÄDER BEKOMMT!
WIR SEHEN UNS ÜBERMORGEN AUF DER HOCHZEIT!

VERGESST NICHT DAS MOTTO: „DIE MENSCHHEIT QUER DURCH DIE ZEITALTER". NEHMT EURE KOSTÜME MIT!
WANN WOLLTEN WIR UNS TREFFEN?
UM ZEHN AM BAHNHOF!
Zwei Tage später.
DAS IST UNSER ZUG!
MEINE ERSTE EINLADUNG ZU EINER HOCHZEIT, DIE ALS KOSTÜMBALL GEFEIERT WIRD.
UNSERE GRUPPE HAT DIE „GOLDENEN ZWANZIGER" GEZOGEN. DIE WAREN IN DER MENSCHHEITSGESCHICHTE PRAKTISCH ERST GESTERN!
SCHADE, ICH HÄTTE MICH AUCH ALS KLEOPATRA ODER MADAME DE POMPADOUR GESEHEN.
ABER DER KLEIDERTRANSPORT WÄRE DANN SCHWIERIGER GEWESEN ... UND DIE GANZE DIENERSCHAFT ERST!
Sind Sie noch da? Fassen wir Ihre Lage mal zusammen: Es brauchte Milliarden Jahre, um die Atome zu erzeugen, aus denen Sie bestehen. Diese Atome haben dann die Kälte des Weltalls durchmessen und sind schließlich auf die Erde gelangt.

Dann mussten Sie die bewegte Geschichte unseres Planeten durchlaufen, deren Narben sich in den geologischen Schichtstufen noch immer ablesen lassen. Durch insgesamt fünf Massenaussterbe-Ereignisse sind Sie erfolgreich hindurchgeschlüpft. Und dann haben Sie noch Millionen Jahre gewartet, bis Sie „Sie" geworden sind – die einzigartige Zusammenstellung der Atome, aus denen Sie bestehen.
WOARR GRRR!
MEIN T-REX IST STÄRKER!
Noch ein Element war wesentlich für Ihr Erscheinen: die **Stabilität**. Die Erde hat sich über 99,996 % ihrer Geschichte hinweg ohne den Homo sapiens entwickelt. Um Sie zu empfangen, hat sich unser Planet in den jüngsten 0,004 % seiner Existenz ein bisschen ruhiger verhalten. In geologischem Maßstab betrachtet, ist das nicht mehr als der Flügelschlag eines Schmetterlings.
Ein paar tausend Jahre ohne gewaltige Vulkanausbrüche, heftige Klimaschwankungen und zerstörerische Meteoriten.
Ein Flügelschlag, der ausreichte, um Generationen von Menschen aufeinander folgen zu lassen.
TÜMPLINGEN
In den Sozialwissenschaften entspricht eine Generation einem Zeitraum von 25 Jahren, also dem Erneuerungszyklus der erwachsenen Bevölkerung.

Wenn alles gutgeht, begegnen wir im Laufe unseres Lebens sieben Generationen (unsere eigene inbegriffen).
Urgroßeltern
Großeltern
Eltern
Kinder
Enkelkinder
Urenkel
Gehen wir jetzt ungefähr 10.000 Jahre zurück, in die Zeit vor dem Aufkommen der ersten Zivilisationen.
DA IST DER FESTSAAL. ES GIBT AUCH UMKLEIDERÄUME.
Was bedeuten 10.000 Jahre? 400 Generationen aneinandergereiht. Ja, mehr sind es nicht. Gerade genug, um den Festsaal von Tümplingen zu einer Hochzeit vollzukriegen.
WILLKOMMEN!
Beginnen wir mit denen, die umgangssprachlich „Urmenschen" genannt werden. Sie waren es, die die Erde vor etwa 10.000 Jahren bevölkerten, im Jungpaläolithikum.
GRMPFF! HIER KOMMEN DIE SCHÖNSTEN DER GANZEN SIPPE!
WO IST DAS BÜFETT?
Die erste bekannte Zivilisation beginnt vor nicht mal 6000 Jahren in Mesopotamien im Nahen Osten: die der Sumerer.
WER HAT DENN DIESE CRO-MAGNONS EINGELADEN?!
PFFF ... DA WIRD'S FEIN ZUGEHEN.

Dann, vor rund 5000 Jahren, entstanden die altägyptische Zivilisation, die des Industals und die von Caral in Südamerika. Was die Xia-Dynastie angeht, die älteste in China, so begann sie vor etwa vier Jahrtausenden.
SUMERERIN?
NEIN, BABYLONIERIN … WIR SIND GLEICH NACH DEN SUMERERN GEKOMMEN.
DIESES BÜFETT IST … PHARAONENHAFT KOLOSSAL!
ECHT NERVIG, SO EINE KOPFBEDECKUNG!
UND WIR KÖNNEN NOCH FROH SEIN … ES GIBT SCHLIMMERE!

Die Geschichte setzt sich mit der olmekischen Hochkultur und dann der Maya-Zivilisation fort. In Europa beginnt vor 3000 Jahren die griechische und später die römische Zivilisation. Dann sind die Merowinger dran und in China die Tang.
WAS IST DENN DAS FÜR EIN KOSTÜM?!

Die alten Dynastien und die antiken Völkerschaften scheinen uns so fern zu sein, und doch ist Jesus Christus nur 80 Generationen von uns entfernt und das Ende des Römischen Reiches nur 60 Generationen. Setzen Sie das mal in Beziehung zu den 7 Generationen, denen allein wir schon im Laufe unseres Daseins begegnen.
SAGEN SIE BITTE, GIBT ES NOCH OLIVENBROT?
ÄH … WEISS ICH NICHT, ICH BIN AUCH NUR EIN GAST.

Ausgehend von weitverstreuten Teilchen scheint das Universum in eine Art Ordnung hineingeglitten zu sein, zu der auch wir gehören. Die Wahrheit ist allerdings, dass sich das Weltall unweigerlich in Richtung Unordnung bewegt.

Hier kann etwas nicht stimmen: Wie konnte eine Welt, die in Richtung Unordnung unterwegs ist, unser Erscheinen ermöglichen – und die Existenz von Hochzeitsbüfetts im ländlichen Chic?

Kapitel 3

DER UNORDNUNG ENTGEGEN

„Kuddelmuddel-Gefüge sind weitaus häufiger als geordnete."

Brian Greene, *Bis zum Ende der Zeit*

Oder eine Gaswolke von durchscheinender Schönheit ... die aber nicht bewohnbar wäre.
Sie, auf immerdar zerstreut

Oder vielleicht eine Erde im Grillmodus.
PSCHIII ...

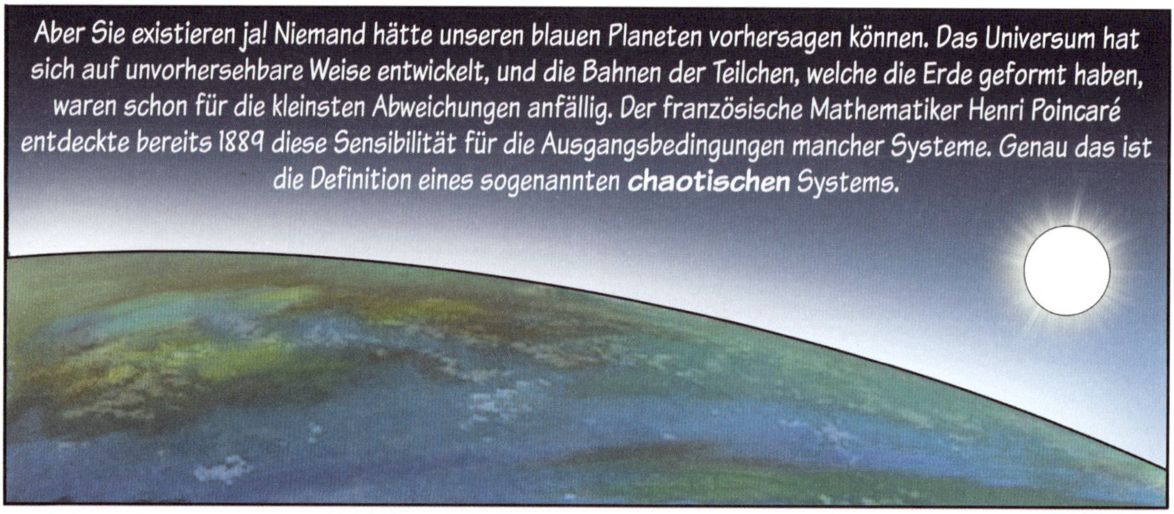
Aber Sie existieren ja! Niemand hätte unseren blauen Planeten vorhersagen können. Das Universum hat sich auf unvorhersehbare Weise entwickelt, und die Bahnen der Teilchen, welche die Erde geformt haben, waren schon für die kleinsten Abweichungen anfällig. Der französische Mathematiker Henri Poincaré entdeckte bereits 1889 diese Sensibilität für die Ausgangsbedingungen mancher Systeme. Genau das ist die Definition eines sogenannten **chaotischen** Systems.

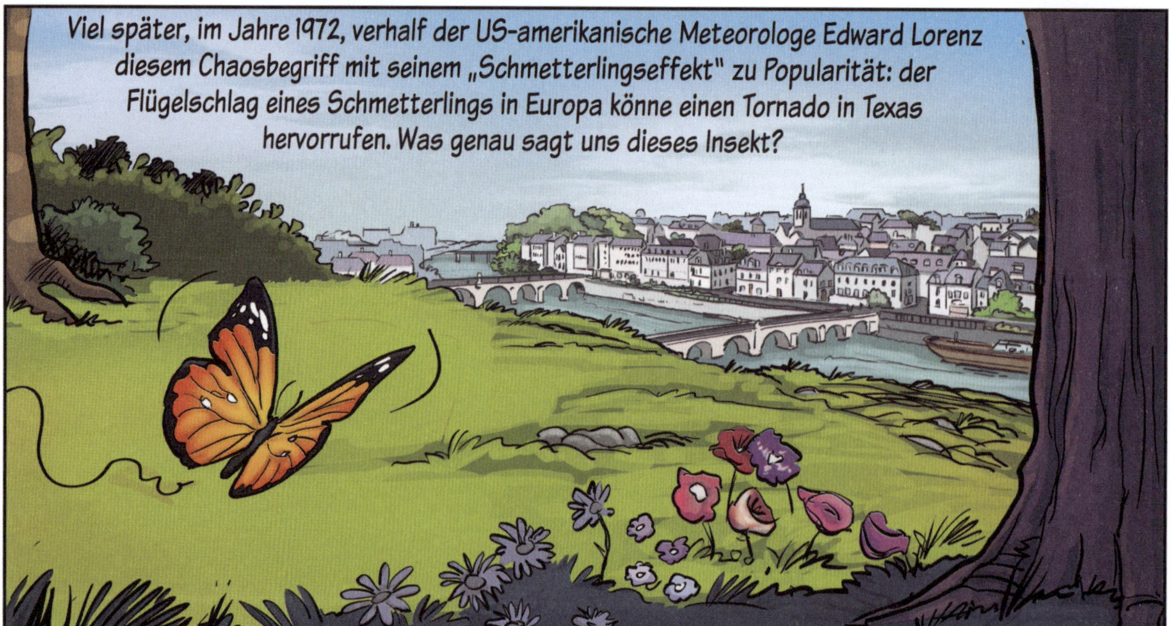
Viel später, im Jahre 1972, verhalf der US-amerikanische Meteorologe Edward Lorenz diesem Chaosbegriff mit seinem „Schmetterlingseffekt" zu Popularität: der Flügelschlag eines Schmetterlings in Europa könne einen Tornado in Texas hervorrufen. Was genau sagt uns dieses Insekt?

Nicht, weil es zu viele Parameter gäbe. Edward Lorenz, „Mister Schmetterlingseffekt", hatte sein Vorhersagesystem übrigens auf nur drei Faktoren reduziert.* Stellen wir es uns mal so vor:

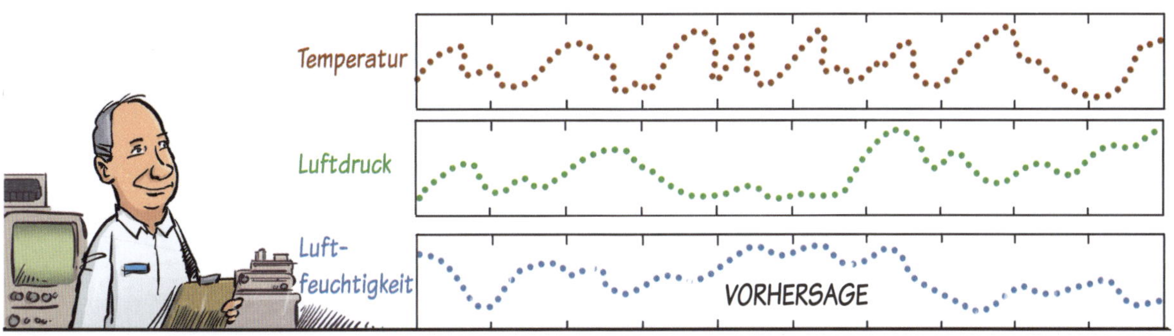

* In Wahrheit waren die Faktoren in Lorenz' Modell abstrakter als hier dargestellt.

Die Unmöglichkeit der Vorhersage liegt an der extremen Empfindlichkeit des Systems für die Ausgangsbedingungen: Schon bei der allerkleinsten Störung in den Anfangsfaktoren wird das ganze System im Laufe der Zeit total von der ursprünglichen Vorhersage abweichen. Daran ist unser Schmetterling schuld, aber auch ...
... Dédé, der wortgewandte König der „Crêpe Suzette" in seinem Viertel
... Fred der Käfer, der für seine Hyperaktivität berüchtigt ist
... Frieda und ihr Alphorn
... und sogar der Leser, der die Seiten dieses Buches umblättert!

Das Chaos stellt sich in allen Arten von Systemen ein, sogar bei solchen, die viel einfacher zu sein scheinen. Und die frei von Schmetterlingen sind.
ICH BIN DRAN.

Nehmen wir das „Sinai-Billard", das in der Mitte einen Zylinder hat.

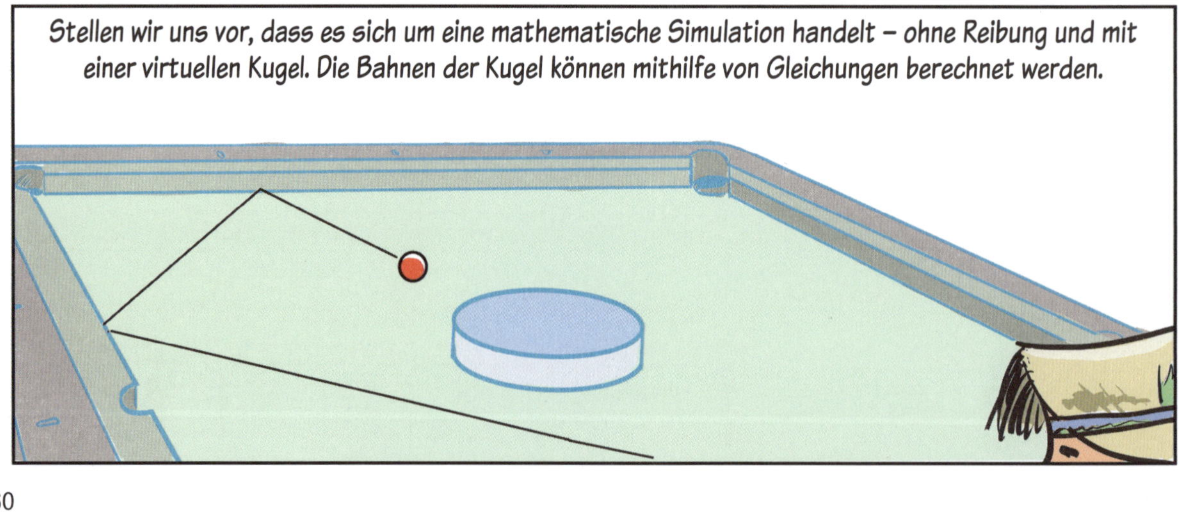
Stellen wir uns vor, dass es sich um eine mathematische Simulation handelt – ohne Reibung und mit einer virtuellen Kugel. Die Bahnen der Kugel können mithilfe von Gleichungen berechnet werden.

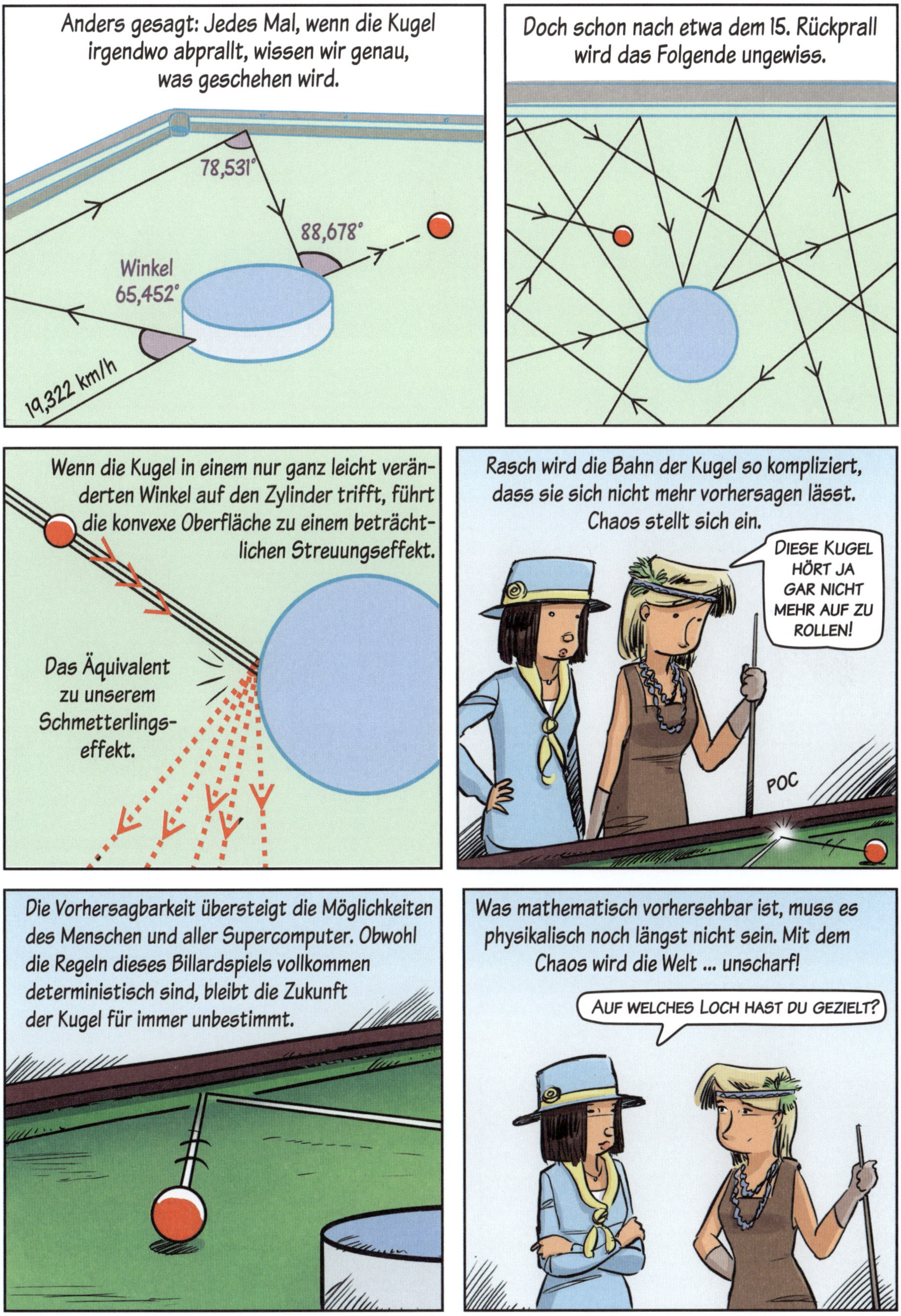

Anders gesagt: Jedes Mal, wenn die Kugel irgendwo abprallt, wissen wir genau, was geschehen wird.
78,531°
88,678°
Winkel 65,452°
19,322 km/h
Doch schon nach etwa dem 15. Rückprall wird das Folgende ungewiss.
Wenn die Kugel in einem nur ganz leicht veränderten Winkel auf den Zylinder trifft, führt die konvexe Oberfläche zu einem beträchtlichen Streuungseffekt.
Das Äquivalent zu unserem Schmetterlingseffekt.
Rasch wird die Bahn der Kugel so kompliziert, dass sie sich nicht mehr vorhersagen lässt. Chaos stellt sich ein.
DIESE KUGEL HÖRT JA GAR NICHT MEHR AUF ZU ROLLEN!
POC
Die Vorhersagbarkeit übersteigt die Möglichkeiten des Menschen und aller Supercomputer. Obwohl die Regeln dieses Billardspiels vollkommen deterministisch sind, bleibt die Zukunft der Kugel für immer unbestimmt.
Was mathematisch vorhersehbar ist, muss es physikalisch noch längst nicht sein. Mit dem Chaos wird die Welt ... unscharf!
AUF WELCHES LOCH HAST DU GEZIELT?

POC
POC
POC
POC
AUF DAS DA!
CLOC
Wir werden noch sehen, dass das Chaos weitere Geheimnisse birgt. Was die Welt angeht, so ist sie in mehrfacher Hinsicht unscharf. Eine der offenen Fragen lautet: Wie konnte in einem derart chaotischen und unvorhersehbaren Universum etwas Organisiertes auftauchen – Sie zum Beispiel?
DU HAST ECHT AUF DIESES LOCH GEZIELT?
HM ... NORMALERWEISE IST ES DOCH EHER ADAM, DER FLUNKERT ...
ACH, DAS IST MEINE UNVORHERSEHBARE SEITE!
WO STECKT ADAM EIGENTLICH?
Wie konnte die Komplexität der Welt aus einem Haufen von Teilchen hervorgehen, um Sie zu erschaffen?
DA BIST DU JA!
WOW! DU BIST DER SPITZENRÄUBER ALLER APPETITHÄPPCHEN!
ÜBERLEBENSINSTINKT! DAS IST MEIN COTYLORHYNCHUS-REPTILIENHIRN.

WORUM GEHT ES IN EUREN NÄCHSTEN SENDUNGEN?
UNTER ANDEREM UM ENTROPIE.
JOE Ice Cream Sandwich
ENTROPIE? WAS IST DENN DAS?
DIE RICHTUNG, IN DIE SICH DAS UNIVERSUM BEWEGT – ZU EINER ART „UNORDNUNG" HIN.
IST ES NICHT UMGEKEHRT? SEIT DEM BIG BANG HAT DAS ALL DIE DINGE DOCH RECHT GUT GEORDNET, ODER? ALLEIN WENN WIR UNS HIER UMSCHAUEN ...
HM, NEIN ... NEHMEN WIR DOCH MAL DIESE GUMMIBONBONS ...
... UND LEGEN SIE AUF DAS BRETT.
MAX UND BASTIEN, KÖNNT IHR DIE BONBONS AUF DER UNTERLAGE ZU FIGUREN ANORDNEN? EGAL WELCHE, SUCHT EUCH WAS AUS.
AH, ENDLICH JEMAND, DER SICH FÜR MEIN KREATIVES TALENT INTERESSIERT.
JA, PRIMA!
DA KANNST DU AUCH GLEICH MAL DEIN SMARTPHONE ABLEGEN ...
IHR KÖNNT SO VIELE BONBONS NEHMEN, WIE IHR WOLLT.
MHM
ÄH, DU BRINGST ABER VIELE DETAILS REIN ...
WAS, BIST DU SCHON FERTIG, ONKEL MAX?

BRAVO, BASTIEN, WAS FÜR EIN SCHÖNER DRACHE!
UND MAX HAT ... ÄHM ... EINE LACHENDE KARTOFFEL GEMACHT?!
ABER BITTE! ICH HABE ES „EKSTATISCHES ANTLITZ IM MONDENSCHEIN" BENANNT.
TUT MIR LEID, JETZT WERDE ICH EURE WERKE AUF DIESES ANDERE BRETT SCHÜTTEN.
ACH SO?
EIN EPHEMERES KUNSTWERK. SO WAS IST HEUTE IN! DER BEGINN DEINER ANERKENNUNG!
WENN ES FÜR DEN NACHRUHM IST, EINVERSTANDEN.
FRRLLL
WIR ERHALTEN EINE ANDERE ANORDNUNG. MANCHE TEILE SIND NOCH IRGENDWIE GRUPPIERT, ABER NICHTS IST MEHR KLAR ZU ERKENNEN. DIESE KONSTELLATION IST NICHT WENIGER BESONDERS ALS EURE BILDER! IM PRINZIP IST EINE JEDE ANORDNUNG EINZIGARTIG UND SPEZIFISCH!
HINGEGEN HABEN WIR DIE INFORMATION „DRACHE/LACHENDE KARTOFFEL" VERLOREN.
„EKSTATISCHES ANTLITZ IM MONDENSCHEIN" BITTE.
JETZT SAMMELN WIR DIE GUMMIBONBONS WIEDER EIN ...
... UND WIEDERHOLEN DEN VORGANG – WIR SCHÜTTEN SIE ERNEUT AUF DIE PLATTE.
FRRLLL
TIC
TIC
TIC

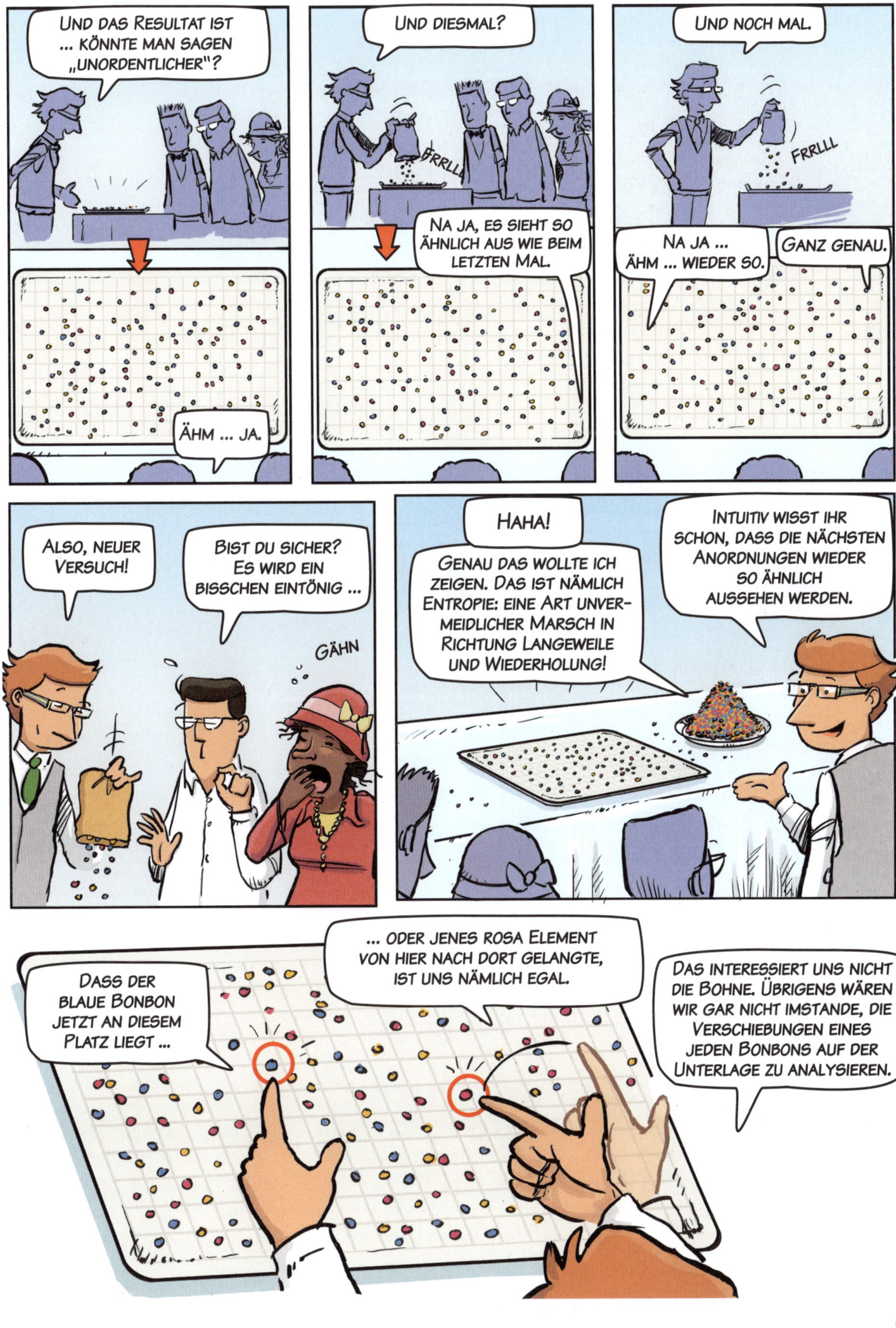

UND DAS RESULTAT IST ... KÖNNTE MAN SAGEN „UNORDENTLICHER"?
ÄHM ... JA.
UND DIESMAL?
FRRLLL
NA JA, ES SIEHT SO ÄHNLICH AUS WIE BEIM LETZTEN MAL.
UND NOCH MAL.
FRRLLL
NA JA ... ÄHM ... WIEDER SO.
GANZ GENAU.
ALSO, NEUER VERSUCH!
BIST DU SICHER? ES WIRD EIN BISSCHEN EINTÖNIG ...
GÄHN
HAHA!
GENAU DAS WOLLTE ICH ZEIGEN. DAS IST NÄMLICH ENTROPIE: EINE ART UNVERMEIDLICHER MARSCH IN RICHTUNG LANGEWEILE UND WIEDERHOLUNG!
INTUITIV WISST IHR SCHON, DASS DIE NÄCHSTEN ANORDNUNGEN WIEDER SO ÄHNLICH AUSSEHEN WERDEN.
DASS DER BLAUE BONBON JETZT AN DIESEM PLATZ LIEGT ...
... ODER JENES ROSA ELEMENT VON HIER NACH DORT GELANGTE, IST UNS NÄMLICH EGAL.
DAS INTERESSIERT UNS NICHT DIE BOHNE. ÜBRIGENS WÄREN WIR GAR NICHT IMSTANDE, DIE VERSCHIEBUNGEN EINES JEDEN BONBONS AUF DER UNTERLAGE ZU ANALYSIEREN.

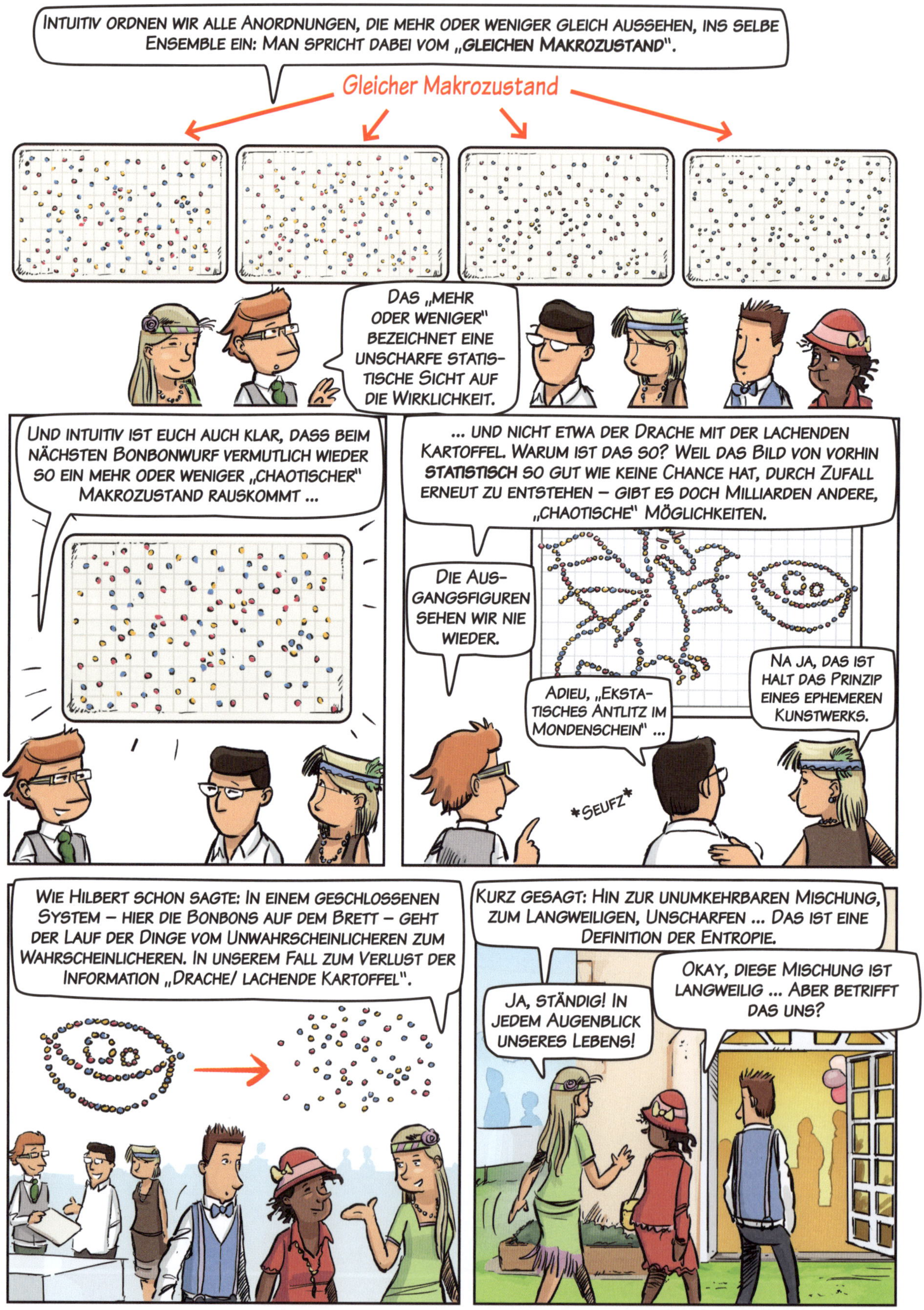

INTUITIV ORDNEN WIR ALLE ANORDNUNGEN, DIE MEHR ODER WENIGER GLEICH AUSSEHEN, INS SELBE ENSEMBLE EIN: MAN SPRICHT DABEI VOM „GLEICHEN MAKROZUSTAND".
Gleicher Makrozustand
DAS „MEHR ODER WENIGER" BEZEICHNET EINE UNSCHARFE STATISTISCHE SICHT AUF DIE WIRKLICHKEIT.
UND INTUITIV IST EUCH AUCH KLAR, DASS BEIM NÄCHSTEN BONBONWURF VERMUTLICH WIEDER SO EIN MEHR ODER WENIGER „CHAOTISCHER" MAKROZUSTAND RAUSKOMMT ...
... UND NICHT ETWA DER DRACHE MIT DER LACHENDEN KARTOFFEL. WARUM IST DAS SO? WEIL DAS BILD VON VORHIN STATISTISCH SO GUT WIE KEINE CHANCE HAT, DURCH ZUFALL ERNEUT ZU ENTSTEHEN – GIBT ES DOCH MILLIARDEN ANDERE, „CHAOTISCHE" MÖGLICHKEITEN.
DIE AUSGANGSFIGUREN SEHEN WIR NIE WIEDER.
ADIEU, „EKSTATISCHES ANTLITZ IM MONDENSCHEIN" ...
NA JA, DAS IST HALT DAS PRINZIP EINES EPHEMEREN KUNSTWERKS.
SEUFZ
WIE HILBERT SCHON SAGTE: IN EINEM GESCHLOSSENEN SYSTEM – HIER DIE BONBONS AUF DEM BRETT – GEHT DER LAUF DER DINGE VOM UNWAHRSCHEINLICHEREN ZUM WAHRSCHEINLICHEREN. IN UNSEREM FALL ZUM VERLUST DER INFORMATION „DRACHE/ LACHENDE KARTOFFEL".
KURZ GESAGT: HIN ZUR UNUMKEHRBAREN MISCHUNG, ZUM LANGWEILIGEN, UNSCHARFEN ... DAS IST EINE DEFINITION DER ENTROPIE.
JA, STÄNDIG! IN JEDEM AUGENBLICK UNSERES LEBENS!
OKAY, DIESE MISCHUNG IST LANGWEILIG ... ABER BETRIFFT DAS UNS?

ZUNÄCHST MAL SAGT UNS DIE ENTROPIE, DASS UNSERE SICHT DER WELT UNSCHARF UND VERSCHWOMMEN IST. SCHON EINE HANDVOLL BONBONS AUF EINER PLATTE ZWINGEN UNS DAZU, DIE WIRKLICHKEIT AUF „UNGEFÄHRE" WEISE ZU SEHEN.
UND NUN STELLT EUCH DAS MIT DEN MILLIARDEN VON TEILCHEN IN UNSERER REALITÄT VOR! DIE GANZE FUNKTIONSWEISE DER WELT BERUHT AUF DEN ZUFÄLLIGEN BEWEGUNGEN JENER TEILCHEN. WIR HABEN NUR EINE STATISTISCHE SICHT AUF SIE.
AH, QIAN UND BASTIEN, DA SEID IHR JA!
JA, NACHHER GIBT ES LIVEMUSIK! TOLL!
#*@!! VERDAMMTE NEBELMASCHINE!
HAST DU'S MAL MIT DEM BLAUEN KNOPF VERSUCHT?
DIE WELT AUS STATISTISCHEM BLICKWINKEL ZU BETRACHTEN, STATT JEDE EINZELNE BAHN ZU BERECHNEN, WAR EINE WISSENSCHAFTLICHE REVOLUTION. DER ÖSTERREICHER **LUDWIG BOLTZMANN** HAT ES ALS EINER DER ERSTEN GEMACHT.
GRRM #*@ !!
TAP
TAP
TAP
DIESER BÜHNENNEBEL ZUM BEISPIEL. VON SEINEM AUSGANGSPUNKT AUS VERTEILT ER SICH IM SAAL – WIE DIE BONBONS AUF UNSERER PLATTE. ABER ANDERS ALS DIE BONBONS KÖNNEN GASE SICH FREI UMHERBEWEGEN.
UND WENN DU HIER DRÜCKST?
AH, SUPER! JETZT IST ES NOCH SCHLIMMER. #%&!!
KLICK

DAS GAS WIRD SICH AUF ZUFÄLLIGE WEISE NACH UND NACH IM SAAL VERTEILEN. WIR SIND NICHT IN DER LAGE, DEN WEG EINES JEDEN TEILCHENS ZU ANALYSIEREN. IST ABER AUCH NICHT SCHLIMM ...
... DENN WIR WISSEN, DASS DAS GAS SCHLIESSLICH DAS GESAMTE VOLUMEN AUSFÜLLEN WIRD. WIE UNSERE DRACHEN-KARTOFFEL WIRD ES EINEN GLEICHBLEIBENDEN MAKROZUSTAND ERREICHEN: SEIN VOLUMEN, SEIN DRUCK UND SEINE TEMPERATUR WERDEN SICH NICHT MEHR ÄNDERN. DIESES GAS KANN NICHT MEHR WEITER GEMISCHT WERDEN.
ES WIRD EINEN THERMODYNAMISCHEN GLEICHGEWICHTSZUSTAND ERREICHT HABEN, DEN MAN AUF ENGLISCH EQUILIBRIUM NENNT.
ÄQUILIBRIUM ... HM ...
NIEMAND WÜRDE SICH VORSTELLEN, DASS SICH DAS GAS WIEDER IN EINER ECKE DES SAALES SAMMELT UND DORT EINEN DICHTEREN ZUSTAND ANNIMMT.
NATÜRLICH NICHT.
UND DOCH WÜRDE KEIN PHYSIKALISCHES GESETZ DAS VERBIETEN!
ALSO: WENN ES NICHT VERBOTEN IST, WARUM ERLEBEN WIR ES DANN NIE?
WEIL ES, WIE UNS BOLTZMANN SAGT, HOCHGRADIG UNWAHRSCHEINLICH IST.
DER GANG DER WELT BERUHT AUF EINEM STATISTISCHEN GESETZ.
DER GANG DER WELT, ECHT?!
JA!
WIE WÄR'S MIT EINEM „ICE CREAM SANDWICH"?
JOE Ice Cream Sandwich
NEHMEN WIR EINE KOMPLEXERE STRUKTUR.
WER WILL EIN „JOE ICE CREAM SANDWICH"?
ICH NEHME EINS!

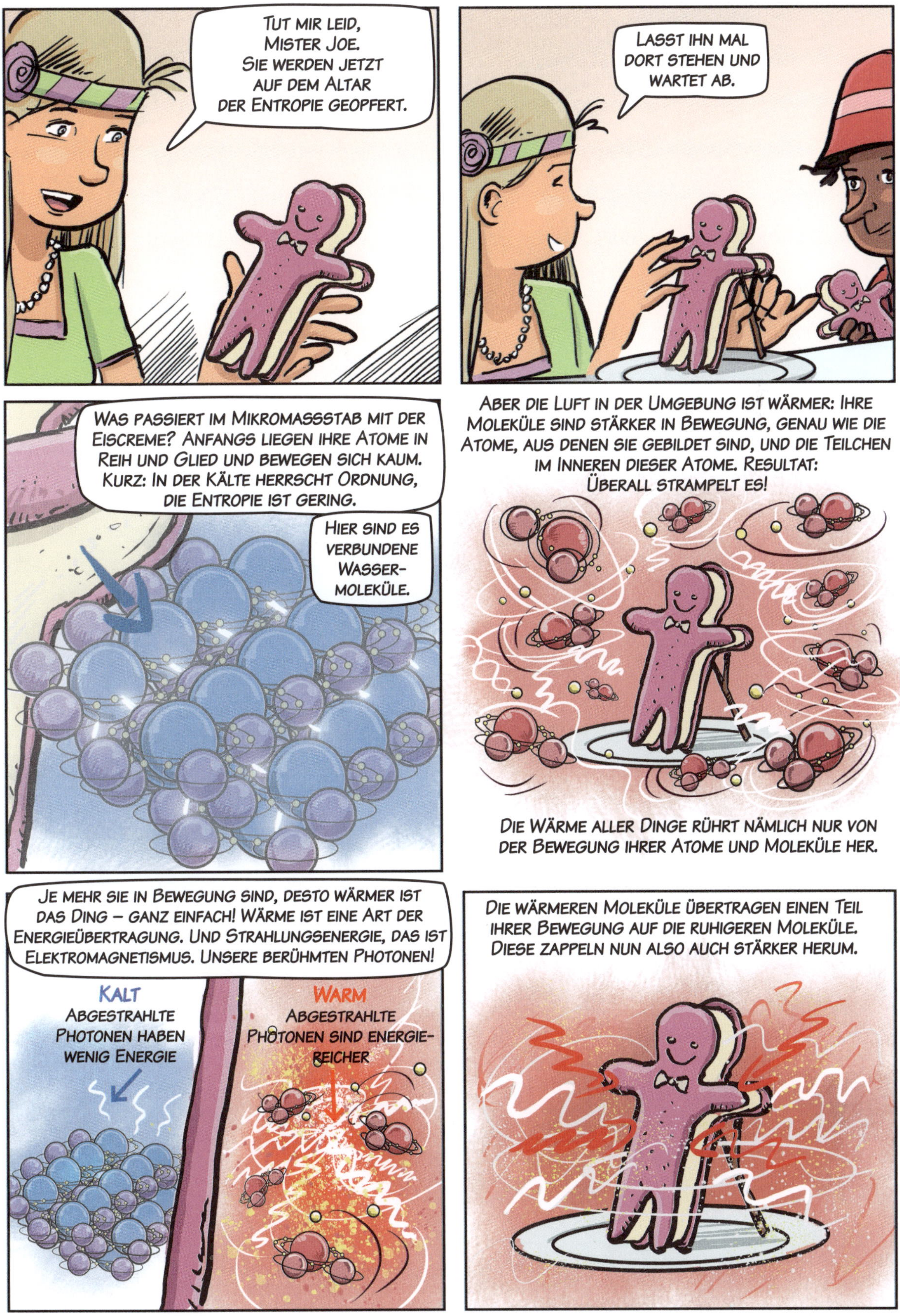
TUT MIR LEID, MISTER JOE. SIE WERDEN JETZT AUF DEM ALTAR DER ENTROPIE GEOPFERT.
LASST IHN MAL DORT STEHEN UND WARTET AB.
WAS PASSIERT IM MIKROMASSSTAB MIT DER EISCREME? ANFANGS LIEGEN IHRE ATOME IN REIH UND GLIED UND BEWEGEN SICH KAUM. KURZ: IN DER KÄLTE HERRSCHT ORDNUNG, DIE ENTROPIE IST GERING.
HIER SIND ES VERBUNDENE WASSER-MOLEKÜLE.
ABER DIE LUFT IN DER UMGEBUNG IST WÄRMER: IHRE MOLEKÜLE SIND STÄRKER IN BEWEGUNG, GENAU WIE DIE ATOME, AUS DENEN SIE GEBILDET SIND, UND DIE TEILCHEN IM INNEREN DIESER ATOME. RESULTAT: ÜBERALL STRAMPELT ES!
DIE WÄRME ALLER DINGE RÜHRT NÄMLICH NUR VON DER BEWEGUNG IHRER ATOME UND MOLEKÜLE HER.
JE MEHR SIE IN BEWEGUNG SIND, DESTO WÄRMER IST DAS DING – GANZ EINFACH! WÄRME IST EINE ART DER ENERGIEÜBERTRAGUNG. UND STRAHLUNGSENERGIE, DAS IST ELEKTROMAGNETISMUS. UNSERE BERÜHMTEN PHOTONEN!
KALT
ABGESTRAHLTE PHOTONEN HABEN WENIG ENERGIE
WARM
ABGESTRAHLTE PHOTONEN SIND ENERGIE-REICHER
DIE WÄRMEREN MOLEKÜLE ÜBERTRAGEN EINEN TEIL IHRER BEWEGUNG AUF DIE RUHIGEREN MOLEKÜLE. DIESE ZAPPELN NUN ALSO AUCH STÄRKER HERUM.

Immer vom Bewegteren zum Unbewegteren. Nie umgekehrt! Logisch: Wie sollten die Moleküle, die auf Zen machen, ihre „Nicht-Aktiviertheit" den bewegten Molekülen mitteilen?
Etwa durch Gedankenübertragung?
Ah ja, so gesehen ...
Eigentlich wird unsere Welt von der zufallsbedingten Bewegung von Molekülen beherrscht, die Wärmeaustausch betreiben: Das ist die **Thermodynamik**. Und wo Wärmeaustausch ist, ist Entropie. Die surft nämlich auf der thermodynamischen Welle.
Denn die thermische Bewegung vermischt alles und bringt alles in Unordnung.
Mit anderen Worten: Das Eis schmilzt.
So ist es.
Genauso ist es mit deinem Cappuccino: Seine warmen Atome übertragen Energie an die Atome in der Umgebung, bis sie Zimmertemperatur erreicht haben.
Das berühmte Äquilibrium, oder?
Exakt. Schaum und Kaffee werden sich unvermeidlich vermengen, bis man am Ende eine kalte, fade Mischung erhält.
Uh
Zum Glück habe ich das Schokopulver schon abgeschlürft. Da schlägt die Entropie sonst jedes Mal zu.
Hm ... das ist nicht sicher!
Beobachten wir mal Mister Sandwich.
Wir werden sehen, dass Joe Sandwich schmilzt ...
... und dabei zunehmend austrocknet: Seine Wassermoleküle verdunsten allmählich.

SEINE MOLEKÜLE HABEN NÄMLICH WEITAUS MEHR MÖGLICHKEITEN, SICH ZU ZERSTREUEN, ALS AM PLATZ ZU BLEIBEN. GANZ WIE VORHIN DER BÜHNENNEBEL.
UND WENN WIR LANGE GENUG WARTEN, WIRD DIE STRUKTUR SELBST ZERFALLEN. UNSER GUTER JOE WIRD SICH BUCHSTÄBLICH ZERSTREUEN.
ARGHH
STÜCK FÜR STÜCK, ATOM FÜR ATOM – MISTER SANDWICH WIRD WIEDER TEIL DER GROSSEN MISCHUNG. DER ENDGÜLTIGEN UNORDNUNG.
WOHIN WANDERN SEINE ATOME? EIN GEHEIMNIS! WIR WISSEN NUR, DASS SIE DEM STATISTISCHEN GESETZ DER ENTROPIE FOLGEN: HIN ZU EINEM MAKROZUSTAND CHAOTISCHEN GLEICHGEWICHTS. DEM ÄQUILIBRIUM!
OOH
DER ARME MISTER SANDWICH ...
ICH MÖCHTE NICHT AN SEINEM PLA...
SAG MAL, LÄUFT ES BEI UNS ANDERS? UNSERE STRUKTUR IST DOCH UNENDLICH BESSER ORGANISIERT ALS DIE VON JOE ICE CREAM, DER BEIM ERSTEN SONNENSTRAHL SCHMILZT?!
AH JA, DAS IST WIRKLICH GANZ ANDERS ...
HAB ICH MIR DOCH GEDACHT.
DIESER CAPPUCCINO WIRD IN MEINE HOCHORGANISIERTE BIOLOGIE EINGEHEN. ALLES IST GEORDNET, GUT VERTEILT, MIT BEDACHT SORTIERT. EIN WUNDERWERK DER ORGANISCHEN THERMODYNAMISCHEN PRÄZISION!!

KURZ GESAGT, DIE ENTROPIE MUSS SICH ANSTÄNDIG BENEHMEN.
SCHLÜRF
TSS, TSS ... ICH HABE GESAGT, ES IST „ANDERS", NICHT „BESSER"!
IM LAUFE DER ZEIT WÄCHST IN GESCHLOSSENEN SYSTEMEN DIE UNORDNUNG. DAS UNGLEICHGEWICHT ZWISCHEN WARM UND KALT SCHWINDET, UND DIE QUALITÄT DER INFORMATION VERRINGERT SICH – WIE BEI DER „DRACHEN-KARTOFFEL".
UND WIR SIND EIN GESCHLOSSENES SYSTEM.
ÄH, JA ... MEHR ODER WENIGER.
UNSERE KOMPLEXITÄT MACHT UNS SOGAR NOCH VIEL ANFÄLLIGER FÜR ENTROPIE. DU BIST EINE ART JOE SANDWICH IN BIO-CYBORG-VERSION!
IST DAS ECHT SO?!?
NA JA, DIE INFORMATION, DIE WIR ENTHALTEN, IST NICHT VERGLEICHBAR MIT EINEM EINFACHEN SANDWICH-EIS ODER MIT DER SEHR ÜBERSCHAUBAREN VON DEINER „LACHENDEN KARTOFFEL".
MIT SECHS MILLIARDEN BUCHSTABEN IM DNA-CODE IST SCHON DIE INFORMATION, DIE IN EINER EINZIGEN UNSERER ZELLEN ENTHALTEN IST, WAHNSINNIG KOMPLEX! EINE MOLEKULARE MASCHINERIE AUS RNA UND EIWEISSEN ENTPACKT, TRANSKRIBIERT, SCHNEIDET, VERBINDET UND VERARBEITET GANZE DATENBERGE, UM EINE GIGANTISCHE PROTEINFABRIK ZU ERRICHTEN UND ZU KONTROLLIEREN!
AUSSERDEM MUSS SICH JEDE UNSERER ZELLEN IDENTISCH REPLIZIEREN KÖNNEN!
PLOP!
PLOP!
UND UNSERE RUND 30.000 MILLIARDEN (!) ZELLEN MIT IHREN VERSCHIEDENEN FORMEN UND EIGENSCHAFTEN MÜSSEN NICHT NUR JEDE FÜR SICH FUNKTIONIEREN, SONDERN AUCH STÄNDIG ZUSAMMENARBEITEN.
WAS HAST DU HIER ZU SUCHEN?
SCHUBST DOCH NICHT RUM!
WOZU DIENT DIESER STRANG HIER?
UND DU ERST?
WER HAT DIESES DING HIER HINGESETZT??
PARDON, ICH SUCHE DIE LEBER ...
TUT MIR LEID, ICH HAB MICH AUCH VERLAUFEN.
MIT SO VIELEN MÖGLICHKEITEN, DASS ALLES SCHIEFLÄUFT!

Es ist, als würdest du in einem Videospiel stecken. Stell dir vor, du bist im Überlebens-Modus, von Feinden gejagt: Horden von Oxidantien, Störenfrieden, Programmierfehlern und anderen Gangs, die vom Grossen Chaos bezahlt werden.
Spieler 1
Deine biochemische Maschine muss viel Energie aufwenden, um dein geordnetes System zu verteidigen.
Zum Glück gibt es Reparaturmechanismen, die sich ständig um die Wartung kümmern, damit das System aufrechterhalten wird.
Kling!
Medipack
Keuch
Keuch
Und wir brauchen wirklich eine Menge Selbstreparatur-Kits! Immerfort müssen wir darum kämpfen, dem entropischen Gleichgewicht zu entkommen.
Kling!
Schluck
Kling
Kling Kling
Kling
Alles okay, Joe? Hier geht's echt haarig zu!
Leider habe ich nicht deine Bio-Cyborg-Abwehrmechanismen ...
Wird schon ...
Willst du ein Pflege-Kit?
Ach, du hörst mir nicht zu ...
Kling!
Unsere Zellen werden sogar regelmässig ersetzt, um Fehler zu verhüten.
Kling!
Ah, das ist für mich. Darf ich mal kurz?
Null Problemo, mach nur.
Mega Medipack
Neue Zellen

DIE AUFGABE IST GEWALTIG! NACH 10 JAHREN IST FAST UNSER GESAMTER ZELLBESTAND EINMAL ERSETZT WORDEN! DEIN „ICH" VON VOR 10 JAHREN UND DAS VON VOR 20 JAHREN SIND NICHT DIESELBE PERSON WIE DEIN „ICH" VON HEUTE.
Adam vor 20 Jahren
Adam vor 10 Jahren
ICH BIN ALSO ... EINE ART DUPLIKAT MEINER SELBST?!
WIE VERWIRREND!
ABER AM ENDE HELFEN ALLE REPARATUREN NICHTS! MIT DER ZEIT HOLEN UNS FEHLER, BUGS UND ANDERE PANNEN EIN. NEHMEN WIR ZUM BEISPIEL UNSER HAAR.
PIGMENTZELLEN, DIE IN JEDER HAARWURZEL SITZEN, VERLEIHEN IHM SEINE FARBE. EINE UNMENGE PRÄZISER CHEMISCHER REAKTIONEN IST NÖTIG, UM DIE FÄRBUNG EINES EINZIGEN HAARES ZU GARANTIEREN.
EIN FEHLERCHEN HIER, EIN AUSSETZER DA, EINE SCHWÄCHE IM GENETISCHEN ERBGUT DER ZELLEN ... UND WUTSCH, DAS HAAR WIRD WEISS! WIR WERDEN NIE DEN KONKRETEN GRUND DAFÜR ERFAHREN, ER IST STATISTISCH.
ZUPP
WAS? HAST DU BEI MIR EIN WEISSES HAAR GEFUNDEN?!
DAS HAAR IST VON EINEM WENIGER WAHRSCHEINLICHEN ZUSTAND (ORGANISIERT) ZU EINEM WAHRSCHEINLICHEREN ÜBERGEGANGEN. EINE PIGMENTZELLE KANN IHREN AUFTRAG NUR AUF EINE EINZIGE WEISE ERFÜLLEN, ABER IM LAUFE DER ZEIT GIBT ES MILLIONEN MÖGLICHKEITEN FÜR EINE FEHLFUNKTION, ERKLÄRT DER PHYSIKER STEFAN KLEIN. DAS IST DIE FORMEL VON BOLTZMANN, DIE UNERBITTLICHE ENTROPIE!
SORRY, QIAN!
ICH MUSS MIT DIESEM BOLTZMANN MAL EIN PAAR ERNSTE WORTE REDEN!

NACH UND NACH FÄNGT UNS DIE ENTROPIE EIN. DIE FEHLER IM ABWEHRSYSTEM DER ZELLEN HÄUFEN SICH: UNSERE HAARE WERDEN WEISS, DIE HAUT VERLIERT AN ELASTIZITÄT, WIR KRIEGEN FALTEN USW. USF.
MIT EINEM WORT, WIR WERDEN ALT! DAS IST UNUMKEHRBAR.
DAS LIED BEGINNT IN C-DUR, ODER?
NEIN, ANDY, IN E-DUR! WIR SPIELEN DAS DOCH SCHON SEIT 30 JAHREN ...
KURIOSERWEISE IST GERADE DIE ENTROPIE DURCH IHRE UNUMKEHRBARKEIT DER EINZIGE INDIKATOR FÜR DIE VERSTREICHENDE ZEIT. IN DER PHYSIK SIND NÄMLICH ALLE PHÄNOMENE UMKEHRBAR.
SO IST DIE BEWEGUNG EINES OBJEKTS, DAS NACH OBEN GEWORFEN WIRD ...
?
JOE?!
... DIE GLEICHE WIE DIE EINES OBJEKTS, DAS FÄLLT.
WENN WIR DIE ZEIT ZURÜCKDREHEN WÜRDEN, DANN WÜRDE DER MOND SEINE BAHNEN IN ENTGEGENGESETZTER RICHTUNG DREHEN, ABER ER WÜRDE NOCH IMMER VON DER ERDE ANGEZOGEN WERDEN.
UND AUF MIKRO-EBENE KANN JEDES ATOM ENERGIE EMPFANGEN ...
... UND ENERGIE ABGEBEN.
WENN WIR ALTERN, ALTERN UNSERE ATOME UND TEILCHEN ÜBRIGENS NICHT MIT!
IHR WISST DOCH, NEUTRONEN UND ELEKTRONEN SIND SO ALT WIE DAS UNIVERSUM. DAS SIND NOCH DIE GLEICHEN WIE BEIM URKNALL!
ECHT?!

DIE TEILCHEN KENNEN KEINE ENTROPIE! AUF MIKROSKOPISCHER EBENE IST ALLES REVERSIBEL: NICHTS UNTERSCHEIDET DIE VERGANGENHEIT VON DER ZUKUNFT. ALSO IST – ICH WIEDERHOLE ES NOCH EINMAL – DIE ENTROPIE DER EINZIGE GRADMESSER FÜR DIE VERGEHENDE ZEIT.
MAN HAT NOCH NIE ALTERSSCHWACHE ATOME GESEHEN.
HALLO ANDY
ACH, ICH HABE KAPUTTE ELEKTRONEN!
UND WIE GEHT'S DIR?
WEN MEINEN SIE?
KENNEN WIR UNS?
SELTSAMERWEISE WÄRE DER ZEITPFEIL DANN ALSO EIN EMERGENTES PHÄNOMEN! GENAU WIE BEISPIELSWEISE DER DRUCK.
MAN KANN DEN DRUCK MESSEN, DER DURCH DIE BEWEGUNG EINER VIELZAHL VON TEILCHEN IN EINEM LUFTBALLON AUSGEÜBT WIRD …
… ABER DER „DRUCK" EINES EINZELNEN TEILCHENS LÄSST SICH NICHT MESSEN. DAS HAT KEINEN SINN.
WIE DRUCK ODER TEMPERATUR SCHEINT AUCH DER ZEITPFEIL ERST IN UNSEREM MASSSTAB AUFZUTAUCHEN. EINZIG DIE ENTROPIE IST VERANTWORTLICH FÜR DAS VERSTREICHEN DER ZEIT, FÜR UNSER ALTERN.
BEREIT FÜR DEN SOUNDCHECK?
LOS GEHT'S – „OLD TIME ROCK 'N' ROLL" …
IN E-DUR.
EINS
ZWEI
DREI
VIER …
SCHAUEN WIR MAL ZU DEN ANDEREN.
ABER EINES VERSTEHE ICH NICHT! WENN ICH ZU DEN ANFÄNGEN DES UNIVERSUMS ZURÜCKGEHE …
JUST TAKE THOSE OLD RECORDS OFF THE SHELF

DIE ZUFALLSGETRIEBENE BEWEGUNG DER TEILCHEN, DIE VON DER GRAVITATION ABWÄRTS GERISSEN WURDEN, HAT STERNE UND PLANETEN ERSCHAFFEN ...
SO IST ES.
DAS GLEICHE UNIVERSUM HAT VIELE MILLIARDEN TEILCHEN IN ALLE RICHTUNGEN ZERSTREUT – AUF UNSERE ERDE WIE IN DIE HINTERSTEN WINKEL DES ALLS.
JA, GENAU.
UND ALL DAS TENDIERT ZU EINEM GROSSEN „CHAOS" ...
DA SEID IHR JA WIEDER!
OJE! AUF MEINEM SMARTPHONE IST AUCH DAS CHAOS AUSGEBROCHEN!
DIE ENTROPIE HAT MIR EINEN BÖSEN STREICH GESPIELT! MEIN TELEFON GIBT KEIN LEBENSZEICHEN MEHR VON SICH. GAR NICHT GUT!
TAP
TAP
TAP
DAS IST FÜR IHN ZIEMLICH ANGST-ERREGEND ...
HM
GLUP
TAP
TAP
TAP
MAX, HIER IM VIERTEL GIBT ES EIN COMPUTERGESCHÄFT. WIR KÖNNTEN MAL RÜBERGEHEN.
DANKE FÜR DEINE FÜR-SORGLICHKEIT, ABER ICH KANN AUCH GUT OHNE SMARTPHONE LE...
OKAY, GEHEN WIR!

ICH BLEIBE BEI BASTIEN.
GUT!
WAS HATTEST DU GESAGT, MAI?
NA JA, WENN SEIT DEN ANFÄNGEN DES UNIVERSUMS ALLES ZUR UNORDNUNG HIN TENDIERT, ZU DIESEN „LANGWEILIGEN" MAKROZUSTÄNDEN ...
... WARUM SIND WIR MIT UNSEREM HÖCHST GEORDNETEN ZUSTAND DANN AUF DER WELT?
IM SMARTPHONE VON MAX HERRSCHT GERADE ETWAS WENIGER ORDNUNG!
HIHI
DER BEGRIFF „UNORDNUNG" IST TRÜGERISCH. IN WAHRHEIT IST ENTROPIE EIN MASS FÜR DIE ZAHL MÖGLICHER ANORDNUNGEN IN EINEM SYSTEM. JE MEHR KONFIGURATIONEN MÖGLICH SIND, DESTO GERINGER IST DIE WAHRSCHEINLICHKEIT DES EINTRETENS EINES GANZ BESTIMMTEN ZUSTANDES – UND DESTO GRÖSSER IST DIE ENTROPIE.
JA, EINVERSTANDEN, ES GAB ALSO NUR EINE GERINGE WAHRSCHEINLICHKEIT DAFÜR, DASS SO EIN ARRANGEMENT WIE UNSER PLANET UND WIR EINTRITT.
ENTROPIE VERHINDERT KOMPLEXITÄT NICHT ... IM GEGENTEIL! EIGENTLICH KÖNNTE SOGAR DAS LEBEN SELBST DANK DER ENTROPIE ENTSTANDEN SEIN.
ACH SO?!
DA BLICK ICH NICHT GANZ DURCH!

Kapitel 4

AUF DEM WEG ZUR ORDNUNG

„Licht ist für das Universum, was die Malerei für den Maler ist: Es eröffnet den Weg zu unendlich vielen Möglichkeiten. Wenn der Maler sein Werk mit anderen teilen möchte, muss er es auf eine Leinwand bannen, (...) auf Materie."

David Elbaz, *Der schönste Trick des Lichts*

HIER HINGEGEN ...
SOUVENIRSHOP
MEHR ELEMENTE, DAS BEDEUTET: VIELE MÖGLICHKEITEN DER ANORDNUNG – UND FOLGLICH DER UNORDNUNG, DAS IST JA LOGISCH!
GUTEN TAG
TACH
ICH LESE GERADE, DASS DIE SEHENSWÜRDIGKEITEN DER REGION „HÖHLEN" UND „SALZBERGWERKE" SIND.
ÄH ... ALSO NUR ORTE UNTER DER ERDE?
OH, WIR HABEN AUCH EIN „FEST DER BLUTWURST" ...
... DIE IN DEN HÖHLEN GETROCKNET WIRD.
SIE HABEN VIELE ARTIKEL. WAS IST DENN DAS HIER?
EIN STALAKTITEN-SCHLÜSSEL-ANHÄNGER.
UND DAS?
EIN BLUTWURST-SCHLÜSSEL-ANHÄNGER.
HATSCHI!!!
POC
POC
POC

Erinnert ihr euch? Lichtteilchen, Photonen, Strahlung – das ist alles dasselbe! Es handelt sich um elektromagnetische Wellen mit variabler Energie. Manche können wir sehen, nämlich die Farben. Und dann gibt es andere, die unsichtbaren Wellen – oder das unsichtbare Licht –, die weitaus zahlreicher sind. Unsere Augen sind einfach nicht dafür ausgelegt, sie zu sehen, genau wie unsere Ohren nicht alle Schallwellen wahrnehmen können.

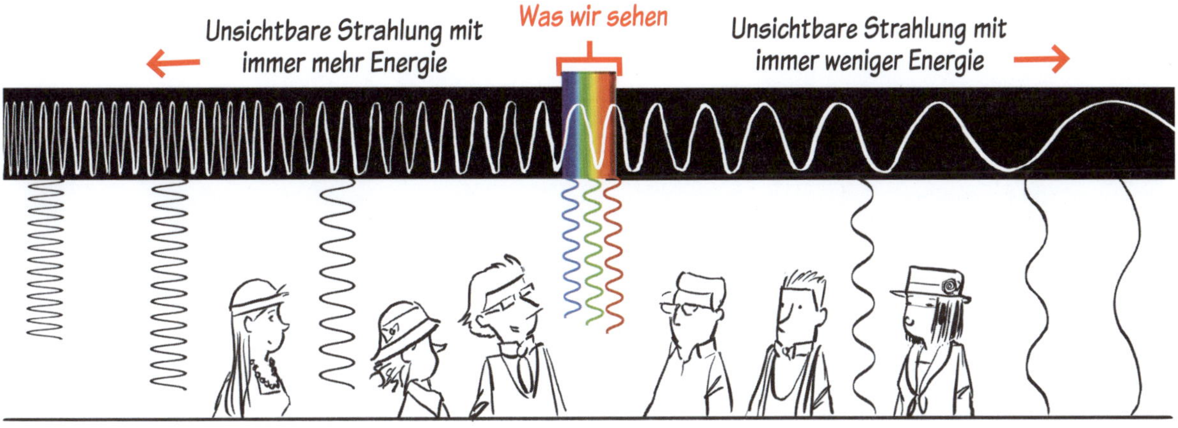

UM KOMPLEXITÄT ZU SCHAFFEN, KANN DAS UNIVERSUM DIE MÖGLICHKEITEN DER ANORDNUNG ERHÖHEN, INDEM ES DIESE ENERGIETEILCHEN VERVIELFACHT.
UND WIE VERVIELFACHT ES SIE, HM?
ÄH ...
MITHILFE ...
DES BLUTWURST-ANHÄNGERS?!
HAHA! VIELLEICHT IN EINEM ANDEREN UNIVERSUM, ABER IN UNSEREM ...
... PASSIERT ES MITHILFE DER MATERIE!
OH, ER QUIETSCHT SOGAR. KLASSE!
QUIETSCH QUIETSCH
STELLEN WIR UNS DAS UNIVERSUM ALS EINEN RIESIGEN BASAR VOR, KURZ NACH DEM URKNALL. SO RIESIG ES AUCH SEIN MAG, DIE ZAHL DER DARIN ENTHALTENEN MATERIETEILCHEN IST EIN FÜR ALLE MAL FESTGELEGT: 10^{80} TEILCHEN.
GLÜCKLICHERWEISE KÖNNEN MATERIETEILCHEN EINE ANDERE TEILCHENART ERZEUGEN: PHOTONEN, ALSO LICHT! WIE GESCHIEHT DAS? SCHAUEN WIR UNS DIE MATERIETEILCHEN AUS DER NÄHE AN ...
Proton
Neutron
Elektron
VON NATUR AUS SIND ELEKTRONEN UND PROTONEN BEREITS GELADEN. DADURCH HABEN SIE DIE FÄHIGKEIT, EINEN TEIL IHRER ENERGIE BEISPIELSWEISE IN STRAHLUNG, UNSERE PHOTONEN, UMZUWANDELN. SO GEHT ES LOS.
ANSCHLIESSEND WERDEN DIE MATERIETEILCHEN BESCHLEUNIGT: EIN TEIL IHRER MECHANISCHEN ENERGIE WIRD DABEI IN STRAHLUNGSENERGIE UMGEWANDELT.
UND ZACK, NEUE PHOTONEN!
WIR HABEN GESEHEN, DASS DIE ELEKTROMAGNETISCHE ENERGIE NACH DEM URKNALL PROTONEN, NEUTRONEN UND ELEKTRONEN ZU ATOMEN ZUSAMMENGEFÜGT HAT.
INDEM SIE SICH ZUSAMMENFINDEN, PRODUZIEREN UNSERE MATERIETEILCHEN ... PHOTONEN!
DENN JEDES MAL, WENN EIN ELEKTRON EINE BAHN TIEFER SPRINGT, SENDET ES NEUE PHOTONEN AUS. DAS ATOM IST DAHER AUCH EINE FABRIK FÜR LICHTTEILCHEN.

EINIGE ATOME VERBINDEN SICH ZU MOLEKÜLEN. WENN DIE MOLEKÜLE VIBRIEREN UND SCHWINGEN, PRODUZIEREN SIE EBENFALLS PHOTONEN.
DIE ERSTEN ATOME UND MOLEKÜLE GRUPPIERTEN SICH UND BILDETEN GENERATIONEN VON STERNEN.
?
DARUNTER WAR DIE SONNE, EINE GEWALTIGE FABRIK VON MILLIARDEN LICHTTEILCHEN, DIE SIE DER MATERIE ENTREISST – UND ZWAR GEMÄSS DER FORMEL $E = MC^2$, WIE WIR SCHON GESEHEN HABEN.
KURZ GESAGT: ES REGNET IMMER WIEDER NEUE PHOTONEN!
DIE ORDNUNG, DIE DIE SONNE DURCH DIE VERSCHMELZUNG VON ATOMEN SCHAFFT, WIDERSPRICHT NICHT DER ENTROPIE, DA DIE MÖGLICHEN ANORDNUNGEN – UND DAMIT DIE UNORDNUNG – IM GESAMTEN SYSTEM DURCH DIE SCHAFFUNG NEUER PHOTONEN ZUNEHMEN.
BOING
Entstehung neuer Atome = + Ordnung
Entstehung eines Photonenregens = ++ Unordnung
MIT DIESER VERVIELFACHUNG DER LICHTTEILCHEN NIMMT DIE ALLGEMEINE UNORDNUNG DES UNIVERSUMS ZU. DIESE TEILCHEN „SPIELEN DIE ROLLE DES GELDES, MIT DEM DIE MATERIE DEN PREIS FÜR IHRE ORGANISIERTHEIT ZAHLT", ERKLÄRT DER ASTROPHYSIKER DAVID ELBAZ.
€
€
DIE ZUNAHME DER LICHTTEILCHEN SCHEINT SOGAR MIT DER ORGANISATION IMMER KOMPLEXERER STRUKTUREN EINHERZUGEHEN.
??
PLOPP!
150 €
UND WIR KENNEN EINEN ORT, WO DAS DER FALL IST!
LICHT BRAUCHT MATERIE, UM SICH ZU VERMEHREN, UND MATERIE BRAUCHT LICHT, UM SICH ZU STRUKTURIEREN! JE MEHR EINE UMGEBUNG DAS LICHT VERVIELFACHT – UNSERE BERÜHMTEN PHOTONEN –, DESTO KOMPLEXER KANN SIE WERDEN. SO WIE DIE ERDE.
ÄH ... ABER DIE ERDE VERVIELFACHT DAS LICHT DOCH NICHT!?
DOCH! SIE ZERTEILT ES IN KLEINERE STÜCKE. SIE ZERSTREUT ES!

FÜR JEDES HOCHENERGETISCHE PHOTON, DAS SIE EMPFÄNGT, STRAHLT DIE ERDE IM DURCHSCHNITT ZWANZIG NIEDERENERGETISCHE PHOTONEN AB, UNSICHTBARES LICHT IM INFRAROTBEREICH.
Für ein hochenergetisches Photon ...
... werden 20 niederenergetische Photonen erzeugt.
DAS IST DIE GLEICHE ENERGIEMENGE, ABER SIE WIRD IN FRAGMENTIERTER FORM AUSGESTRAHLT.
NEHMEN WIR DIE WELLE EINES HOCHENERGETISCHEN **ULTRAVIOLETTEN PHOTONS,** DIE AUF DIESEN BAUM TRIFFT. DER BAUM WIRD EINEN TEIL DER ENERGIE DES PHOTONS DURCH PHOTOSYNTHESE SPEICHERN.
DURCH DIE PHOTOSYNTHESE WIRD ENERGIE IN MATERIE UMGEWANDELT! INSBESONDERE IN ZUCKER.
ABER – UND DAS IST EIN ENTSCHEIDENDER PUNKT – DIESER ZUCKER ENTHÄLT NICHT DIE *GESAMTE* ENERGIE DES URSPRÜNGLICHEN PHOTONS.
EIN TEIL DER ENERGIE GEHT „VERLOREN". SIE WIRD IN FORM VON WÄRMESTRAHLUNG ABGESPALTEN, UND DER BAUM SENDET INFRAROTPHOTONEN AUS.
BEDIENT EUCH RUHIG AN DEN KIRSCHEN! ICH SCHAFFE DIE GAR NICHT ALLE ZU PFLÜCKEN.
DANKE!
DIE IN DEN KIRSCHEN GESPEICHERTE ENERGIE ERLAUBT DIE BILDUNG VON ATP-MOLEKÜLEN, DEN BIOLOGISCHEN UNIVERSALBATTERIEN.
EINE ART „ENERGIE-KRAFTPAKET", DAS UNS AM LAUFEN HÄLT.
ATP
ATP
ATP
ATP
MIST, EIN FLECK! KRIEGT MAN KIRSCHSAFT LEICHT WIEDER RAUS?
NAJA, AM BESTEN FÄRBST DU DAS GANZE HEMD KIRSCHROT.

Und wieder muss ein Preis gezahlt werden für die Herstellung geordneter ATP-Moleküle – noch mehr Möglichkeiten für *Unordnung:* Wir strahlen Wärme in Form von vielen neuen Photonen mit schwer zugänglicher Energie ab.
Verlorene Infrarot-photonen
Eine Kirsche – ein Fleck! Tolle Leistung ...
Ich schätze mal, das ist Weltrekord.
Unser Körper nutzt dann die ATP-Energie, um die Muskeln anzuspannen. Zum Beispiel, um den Fleck auszureiben ...
#@! Schlimmer als vorher!
... oder um unsere Zellen zu reparieren, die von der Entropie gnadenlos angegriffen werden.
Schnell! Ein Erste-Hilfe-Kasten!
Das ist hart! Ausserdem hast du einen hässlichen Kirschfleck ...
Kling!
Und auch hier geht ein Teil der vom ATP freigesetzten Energie als Wärme verloren. Wieder in Form von Photonen, die im unsichtbaren Infrarotbereich strahlen.
Auch ultraviolette Photonen sind für uns unsichtbar. Im Gegensatz zu den infraroten sind sie jedoch sehr energiereich. Vorsicht, Sonnenbrand!
Was macht unsere Haut, wenn sie mit ihnen in Berührung kommt? Sie wird heiss! Mit anderen Worten: Sie sendet erneut eine Wolke aus Infrarotphotonen mit geringerer Energie aus.
Kurz gesagt: Wir streuen die hochenergetischen Photonen der Sonne in ein Photonenwirrwarr. Die Energie zerfällt in etwas schlecht Verwertbares: die Wärme, die unsere Körper abgeben.

Unser Energieverbrauch und der Wärmeverlust stehen im Zusammenhang mit dem reibungslosen Betrieb und der Selbstwartung unseres Körpers. Unser Organismus ist ständig damit beschäftigt, am Leben zu bleiben. Im Kampf gegen die Entropie halten lebende Systeme zeitweilig das Äquilibrium auf, die ultimative Vermischung.
Joe, jetzt wird's ernst!!
Joe!
Joe?!
Ohne diese Mechanismen würden unsere Zellen irreparabel zu einem Haufen amorpher Moleküle zerfallen.
Flatsch...
Argh
Die Streuung der Photonen hält uns am Leben. Und im Spiel der Streuung sind wir Meister aller Klassen.
Ah, da drüben ist ein Multimedia-Laden! Ich frag mal wegen meines Handys.
Wir haben gesehen, dass die Erde die Anzahl der von der Sonne ausgesandten Photonen um den Faktor 20 erhöht.
Die Sonne strahlt natürlich mehr Photonen ab als wir, da sie viel massereicher ist.
Allerdings emittieren wir Lebewesen bei gleicher Masse 200.000-mal mehr Photonen als die Sonne! Weniger energiehaltig, aber dafür zahlreicher.

* Kawaii bedeutet auf Japanisch „niedlich".

* Siehe Seite 16.

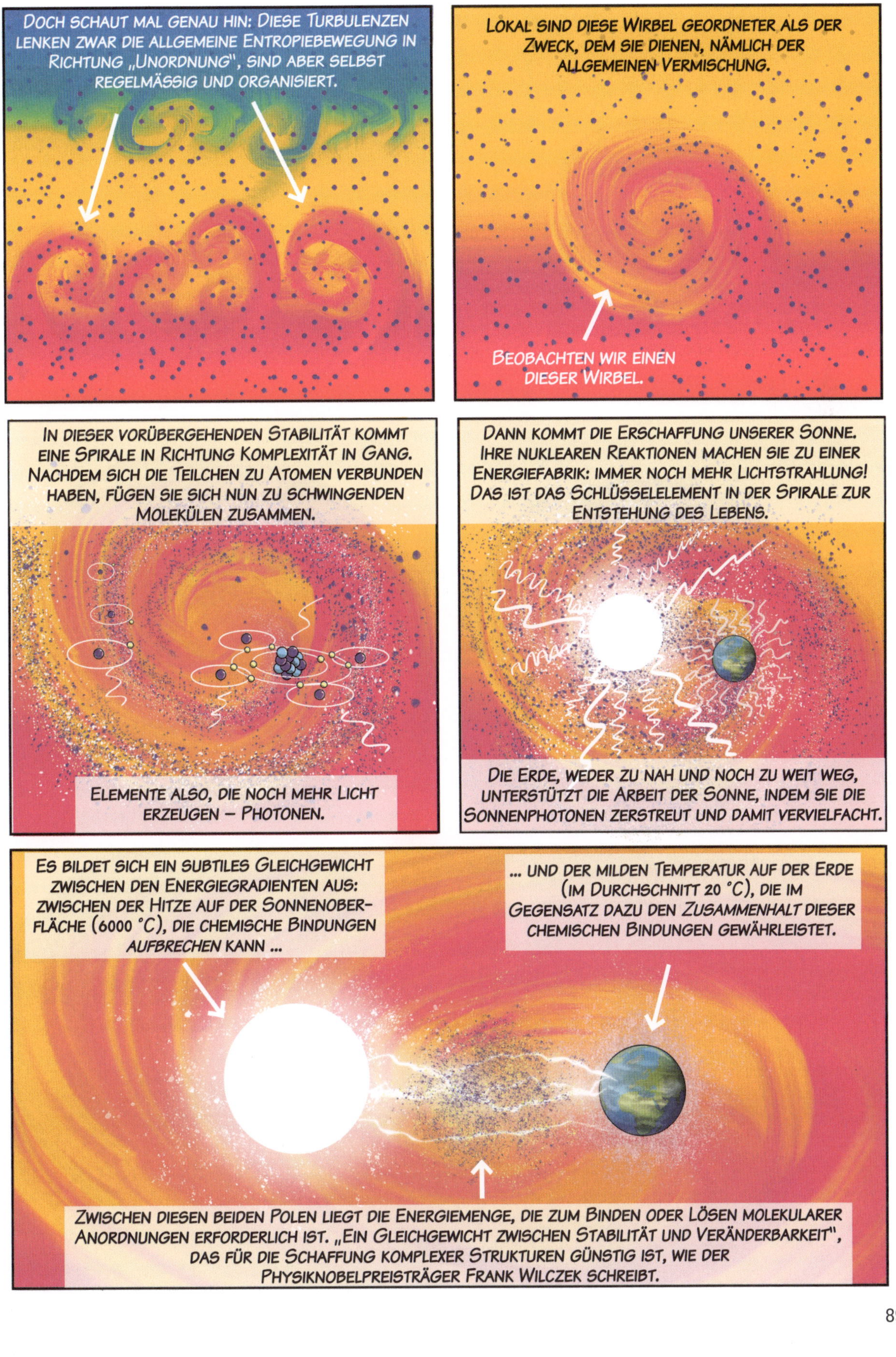
Doch schaut mal genau hin: Diese Turbulenzen lenken zwar die allgemeine Entropiebewegung in Richtung „Unordnung", sind aber selbst regelmässig und organisiert.
Lokal sind diese Wirbel geordneter als der Zweck, dem sie dienen, nämlich der allgemeinen Vermischung.
Beobachten wir einen dieser Wirbel.
In dieser vorübergehenden Stabilität kommt eine Spirale in Richtung Komplexität in Gang. Nachdem sich die Teilchen zu Atomen verbunden haben, fügen sie sich nun zu schwingenden Molekülen zusammen.
Elemente also, die noch mehr Licht erzeugen – Photonen.
Dann kommt die Erschaffung unserer Sonne. Ihre nuklearen Reaktionen machen sie zu einer Energiefabrik: immer noch mehr Lichtstrahlung! Das ist das Schlüsselelement in der Spirale zur Entstehung des Lebens.
Die Erde, weder zu nah und noch zu weit weg, unterstützt die Arbeit der Sonne, indem sie die Sonnenphotonen zerstreut und damit vervielfacht.
Es bildet sich ein subtiles Gleichgewicht zwischen den Energiegradienten aus: zwischen der Hitze auf der Sonnenoberfläche (6000 °C), die chemische Bindungen aufbrechen kann …
… und der milden Temperatur auf der Erde (im Durchschnitt 20 °C), die im Gegensatz dazu den Zusammenhalt dieser chemischen Bindungen gewährleistet.
Zwischen diesen beiden Polen liegt die Energiemenge, die zum Binden oder Lösen molekularer Anordnungen erforderlich ist. „Ein Gleichgewicht zwischen Stabilität und Veränderbarkeit", das für die Schaffung komplexer Strukturen günstig ist, wie der Physiknobelpreisträger Frank Wilczek schreibt.

Es ist eine kombinatorische Explosion: die möglichen Kombinationen nehmen rapide zu.
Vorübergehende Stabilität, Energiegradienten und kombinatorische Explosion – das alles steckt in so einer Miniturbulenz des Cocktailuniversums.
Das ist der Schlüssel zur Entstehung einer dynamischen Komplexität.
Dann wären wir ... ein Strudel des Universums?
Das könnte man so sehen! Und das Leben könnte das Ergebnis der Thermodynamik sein, des Austauschs von Wärmeenergie.
BLUBB
Da unsere sich selbst replizierenden Zellen wunderbare Energiezerstreuer sind ...
... könnte der Zyklus des Lebens darin bestehen, die Mission der Sterne fortzuführen.
Die Mission der Sterne ...!
Verrückt!
Wir nehmen also Chemie, fügen Energie hinzu – und zack, kommt Leben raus?!
Nicht ganz so einfach. Sagen wir lieber: Wenn die Natur in ihrer Umgebung Energie aufsammeln kann, scheint aus dem Nichts eine Ordnung zu entstehen und sich selbst zu organisieren.

SICH SELBST ORGANISIEREN, AUS DEM NICHTS ENTSTEHEN … ÄHM…
WARTE … LASS UNS EIN SPIEL SPIELEN! NEHMEN WIR NOCH MAL DIE GUMMIBONBONS, DIE WIR SCHON FÜR UNSERE „DRACHENKARTOFFEL" VERWENDET HABEN.
WIR LEGEN DIE BONBONS HIER UND DORT HIN. UND DANN SPIELEN WIR. ABER DIESMAL REGIERT NICHT DER REINE ZUFALL. WIR STELLEN ZWEI EINFACHE REGELN AUF. NENNEN WIR DAS GANZE „SPIEL DES LEBENS".
COOL, ICH MAG SPIELE!
REGEL NR. 1
EIN BONBON „ÜBERLEBT", WENN ER VON 2 *ODER* 3 NACHBARN UMGEBEN IST. NICHT MEHR UND NICHT WENIGER.
DIESE BONBONS HIER HABEN ALLE 2 *ODER* 3 NACHBARN – SIE ÜBERLEBEN.
ABER DER DA HAT NUR EINEN NACHBARN: ER MUSS ENTFERNT WERDEN – ER „STIRBT".
REGEL NR. 2
IST EIN LEERES FELD DES SPIELBRETTS VON GENAU DREI NACHBARN UMGEBEN, WIRD DORT EIN NEUER BONBON HINGELEGT. HIER ZUM BEISPIEL. ES WIRD ZU EINER „LEBENDEN" ZELLE.
DAS IST ALLES. ES GIBT KEINEN GEGNER UND KEINE STRATEGIE. ES GENÜGT, RUNDE FÜR RUNDE DIE REGELN ZU BEFOLGEN UND DAS ERGEBNIS ZU BEOBACHTEN, DAS NUR VON DER AUSGANGSPOSITION DER BONBONS ABHÄNGT.
OKAY, DAS IST NICHT SO SCHWIERIG. WIR HABEN'S KAPIERT!
ORDNEN WIR ZU BEGINN **SECHS BONBONS** SO AN.
DER EINE BONBON HAT NUR EINEN NACHBARN; ER MUSS ENTFERNT WERDEN. UND DANN GIBT ES 5 FELDER, DIE ÜBER JE 3 NACHBARN VERFÜGEN. DORT MÜSSEN WIR NEUE BONBONS HINLEGEN.
IN DER ZWEITEN RUNDE ERHALTEN WIR ALSO FOLGENDE KONSTELLATION:

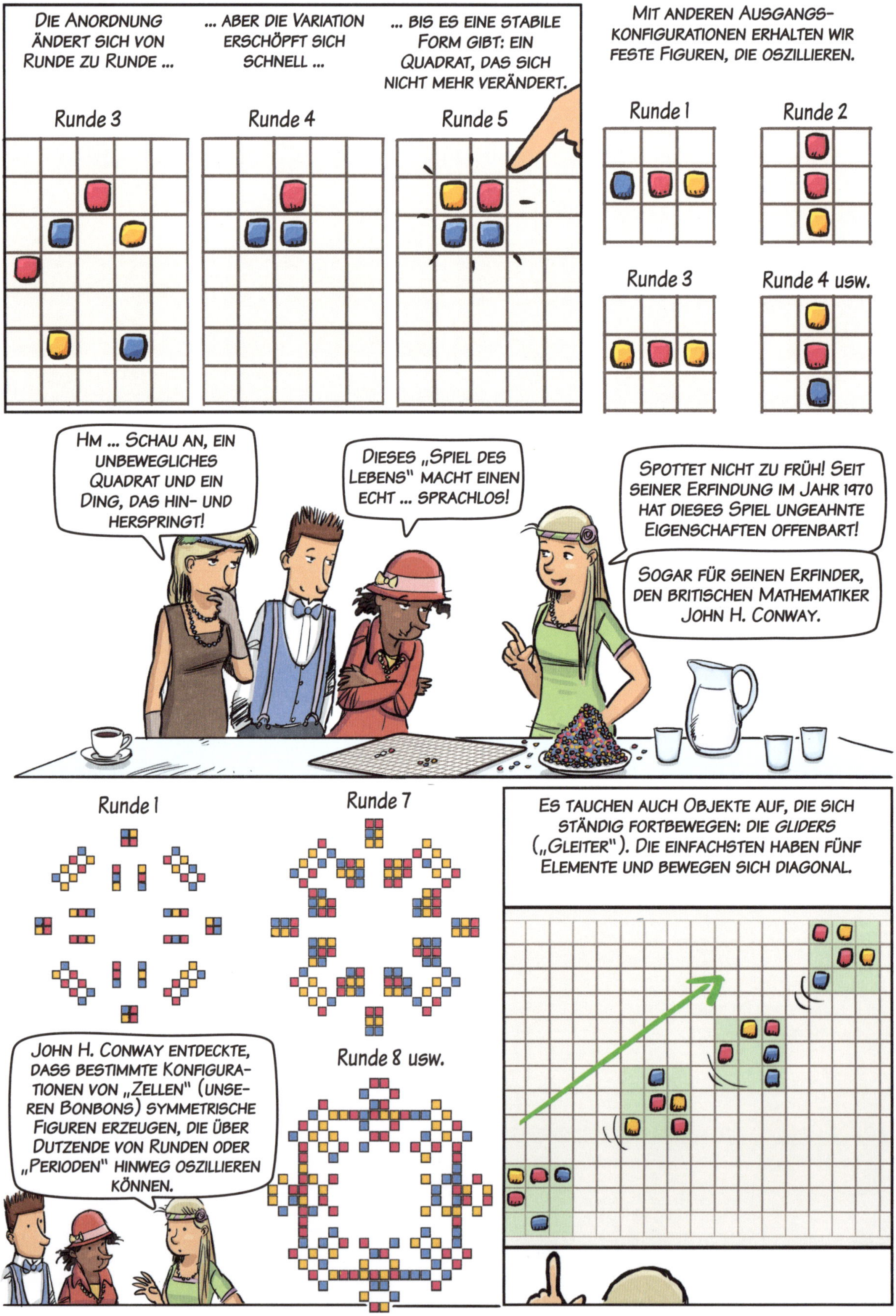

DIE ANORDNUNG ÄNDERT SICH VON RUNDE ZU RUNDE ...
... ABER DIE VARIATION ERSCHÖPFT SICH SCHNELL ...
... BIS ES EINE STABILE FORM GIBT: EIN QUADRAT, DAS SICH NICHT MEHR VERÄNDERT.
Runde 3
Runde 4
Runde 5
MIT ANDEREN AUSGANGS-KONFIGURATIONEN ERHALTEN WIR FESTE FIGUREN, DIE OSZILLIEREN.
Runde 1
Runde 2
Runde 3
Runde 4 usw.
HM ... SCHAU AN, EIN UNBEWEGLICHES QUADRAT UND EIN DING, DAS HIN- UND HERSPRINGT!
DIESES „SPIEL DES LEBENS" MACHT EINEN ECHT ... SPRACHLOS!
SPOTTET NICHT ZU FRÜH! SEIT SEINER ERFINDUNG IM JAHR 1970 HAT DIESES SPIEL UNGEAHNTE EIGENSCHAFTEN OFFENBART!
SOGAR FÜR SEINEN ERFINDER, DEN BRITISCHEN MATHEMATIKER JOHN H. CONWAY.
Runde 1
Runde 7
Runde 8 usw.
JOHN H. CONWAY ENTDECKTE, DASS BESTIMMTE KONFIGURATIONEN VON „ZELLEN" (UNSEREN BONBONS) SYMMETRISCHE FIGUREN ERZEUGEN, DIE ÜBER DUTZENDE VON RUNDEN ODER „PERIODEN" HINWEG OSZILLIEREN KÖNNEN.
ES TAUCHEN AUCH OBJEKTE AUF, DIE SICH STÄNDIG FORTBEWEGEN: DIE *GLIDERS* („GLEITER"). DIE EINFACHSTEN HABEN FÜNF ELEMENTE UND BEWEGEN SICH DIAGONAL.

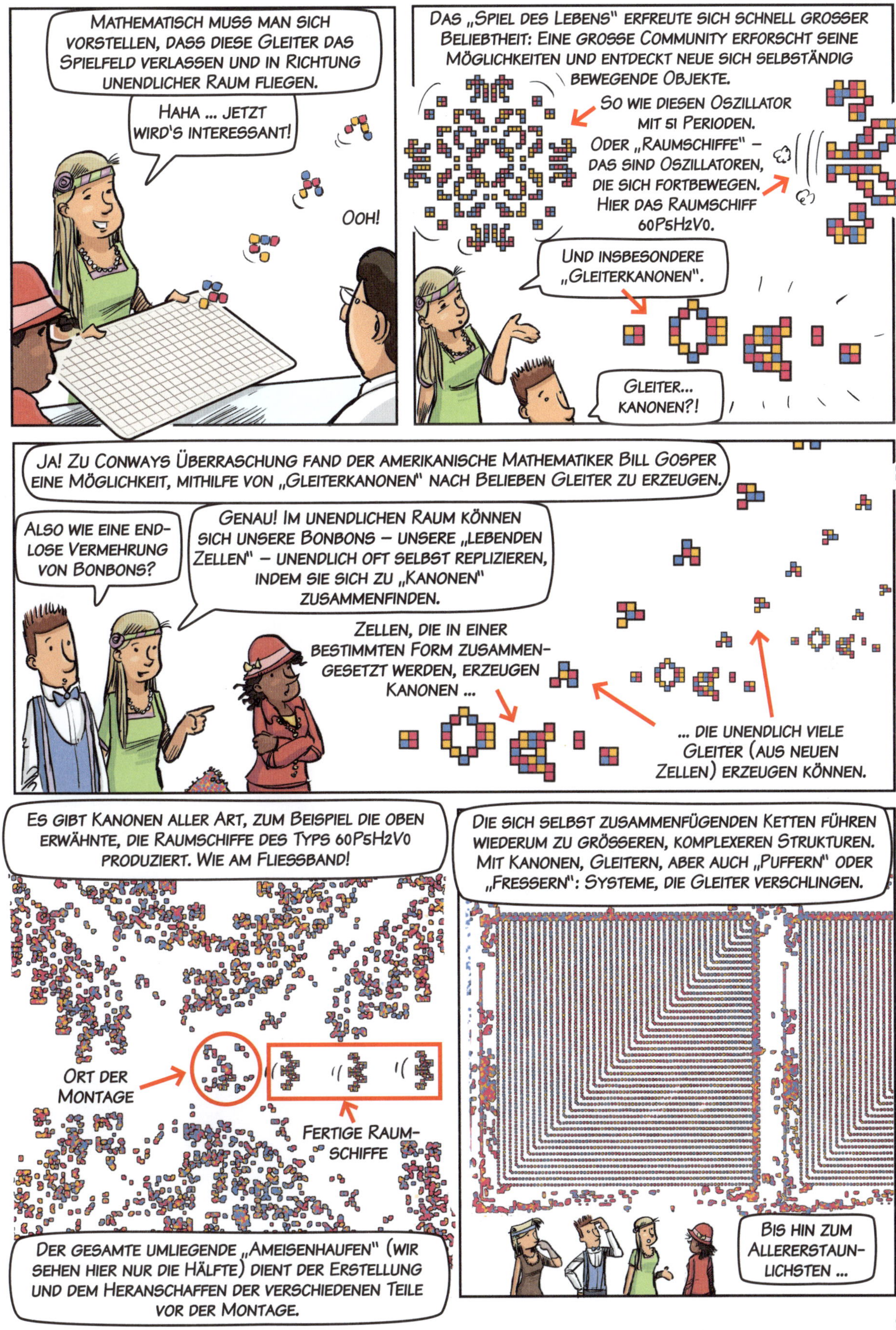

MATHEMATISCH MUSS MAN SICH VORSTELLEN, DASS DIESE GLEITER DAS SPIELFELD VERLASSEN UND IN RICHTUNG UNENDLICHER RAUM FLIEGEN.
HAHA ... JETZT WIRD'S INTERESSANT!
OOH!
DAS „SPIEL DES LEBENS" ERFREUTE SICH SCHNELL GROSSER BELIEBTHEIT: EINE GROSSE COMMUNITY ERFORSCHT SEINE MÖGLICHKEITEN UND ENTDECKT NEUE SICH SELBSTÄNDIG BEWEGENDE OBJEKTE.
SO WIE DIESEN OSZILLATOR MIT 51 PERIODEN.
ODER „RAUMSCHIFFE" – DAS SIND OSZILLATOREN, DIE SICH FORTBEWEGEN. HIER DAS RAUMSCHIFF 60P5H2V0.
UND INSBESONDERE „GLEITERKANONEN".
GLEITER... KANONEN?!
JA! ZU CONWAYS ÜBERRASCHUNG FAND DER AMERIKANISCHE MATHEMATIKER BILL GOSPER EINE MÖGLICHKEIT, MITHILFE VON „GLEITERKANONEN" NACH BELIEBEN GLEITER ZU ERZEUGEN.
ALSO WIE EINE ENDLOSE VERMEHRUNG VON BONBONS?
GENAU! IM UNENDLICHEN RAUM KÖNNEN SICH UNSERE BONBONS – UNSERE „LEBENDEN ZELLEN" – UNENDLICH OFT SELBST REPLIZIEREN, INDEM SIE SICH ZU „KANONEN" ZUSAMMENFINDEN.
ZELLEN, DIE IN EINER BESTIMMTEN FORM ZUSAMMENGESETZT WERDEN, ERZEUGEN KANONEN ...
... DIE UNENDLICH VIELE GLEITER (AUS NEUEN ZELLEN) ERZEUGEN KÖNNEN.
ES GIBT KANONEN ALLER ART, ZUM BEISPIEL DIE OBEN ERWÄHNTE, DIE RAUMSCHIFFE DES TYPS 60P5H2V0 PRODUZIERT. WIE AM FLIESSBAND!
ORT DER MONTAGE
FERTIGE RAUMSCHIFFE
DER GESAMTE UMLIEGENDE „AMEISENHAUFEN" (WIR SEHEN HIER NUR DIE HÄLFTE) DIENT DER ERSTELLUNG UND DEM HERANSCHAFFEN DER VERSCHIEDENEN TEILE VOR DER MONTAGE.
DIE SICH SELBST ZUSAMMENFÜGENDEN KETTEN FÜHREN WIEDERUM ZU GRÖSSEREN, KOMPLEXEREN STRUKTUREN. MIT KANONEN, GLEITERN, ABER AUCH „PUFFERN" ODER „FRESSERN": SYSTEME, DIE GLEITER VERSCHLINGEN.
BIS HIN ZUM ALLERERSTAUNLICHSTEN ...

MAN STELLTE FEST, DASS CONWAYS „SPIEL DES LEBENS" „TURING-VOLLSTÄNDIG" IST (DER BEGRIFF ERINNERT AN DEN BRITISCHEN MATHEMATIKER ALAN TURING). ANDERS GESAGT, ES KANN ALLES AUSFÜHREN, WAS EIN COMPUTER KANN. DAS „SPIEL DES LEBENS" KANN UNTER ANDEREM EINE SIMULATION ... VON SICH SELBST ERZEUGEN! HIER BILDEN KANONEN, GLEITER UND RAUMSCHIFFE EIN RIESIGES SCHACHBRETTMUSTER, DAS DIE STRUKTUR DES „SPIELS DES LEBENS" WIEDERGIBT.

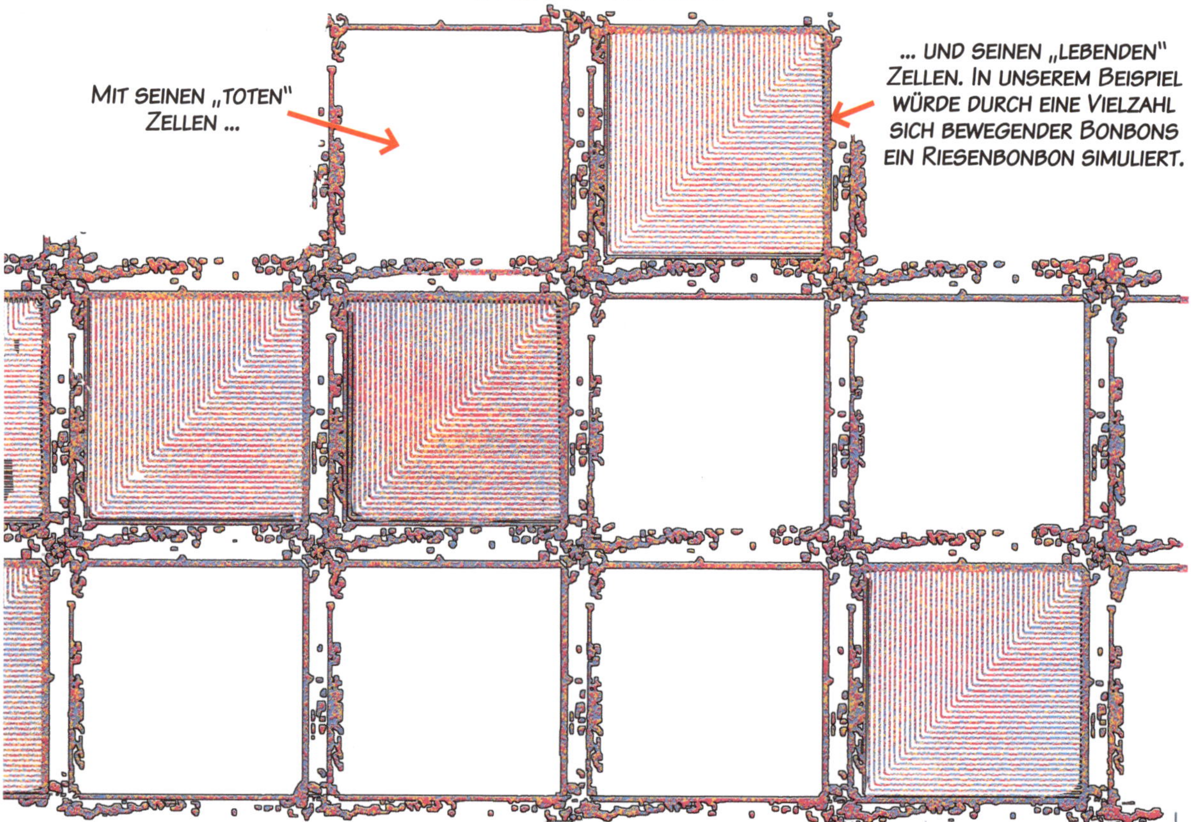

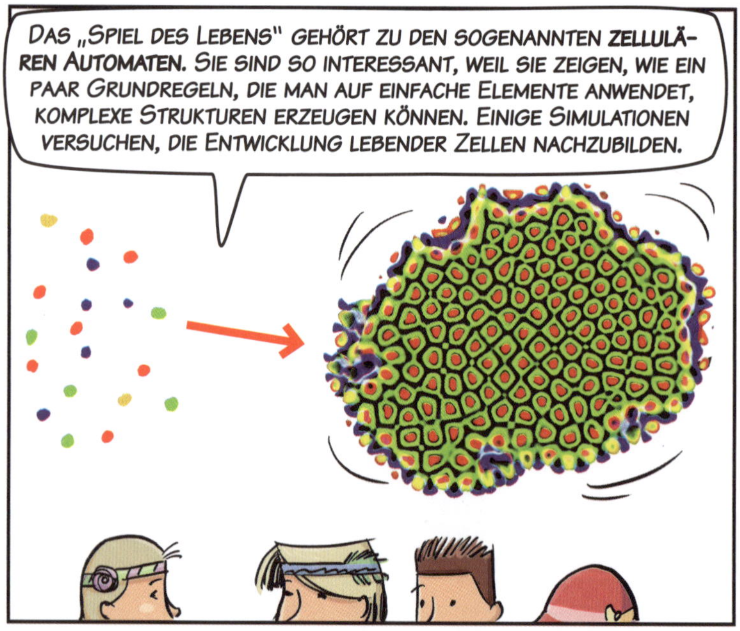

DIESE ZELLULÄREN AUTOMATEN VERANSCHAULICHEN DAS PHÄNOMEN DER EMERGENZ, DAS AUS BIOLOGIE, CHEMIE UND PHYSIK BEKANNT IST: DAS GANZE IST MEHR ALS DIE SUMME SEINER BESTANDTEILE.
1 + 1 IST MANCHMAL 3!
SO HAT ZUM BEISPIEL WASSER EIGENSCHAFTEN, DIE SEINE BEIDEN EINZIGEN BESTANDTEILE, WASSERSTOFF UND SAUERSTOFF, NICHT HABEN.
H
O
ABER LUCE, DIESE ZELLULÄREN AUTOMATEN BLEIBEN LETZTLICH PIXEL IN MATHEMATISCHEN MODELLEN. DA IST KEINE ECHTE BIOLOGIE IM SPIEL. NICHT WAHR, MEIN DICKER?
SCHNURRR
JA, MAI, DU HAST RECHT. DIE „KOMPLEXITÄT", VON DER HIER DIE REDE IST, VERHÄLT SICH ZUM LEBEN WIE EIN PAPIERFLIEGER ZU EINEM AIRBUS.
SCHNURRR...
UND VERGESSEN WIR NICHT, DASS DIE EMERGENZ KOMPLEXER STRUKTUREN IM „SPIEL DES LEBENS" NICHT DEM ZUFALL GESCHULDET IST: UM ÜBERZEUGENDE ERGEBNISSE ZU ERZIELEN, HAT EINE GROSSE COMMUNITY VON ENTHUSIASTEN DIE URSPRÜNGLICHEN KONFIGURATIONEN JAHRZEHNTELANG VERFEINERT.
HEY, EIN OSZILLATOR MIT 177 PERIODEN! COOL!
WAHNSINN!
GEEK FOREVER
DIE FRAGE IST: KÖNNTEN DIE GLEITER, KANONEN UND ANDEREN KOMPLEXEN MOTIVE DIESES SYSTEMS ... AUCH ZUFÄLLIG AUFTAUCHEN?
KLICK
SYSTEM IM AUTOMATISCHEN ZUFALLSMODUS
OH, COOL ...
SCHLÜRF
GEEK FOREVER

EIN SOLCHES SYSTEM WIRD ALS **ERGODISCH** BEZEICHNET: UM KOMPLEXE STRUKTUREN ZU BILDEN, MÜSSTE ES ALLE MÖGLICHEN ANORDNUNGEN DES SPIELS IM ZUFALLSMODUS UND IN ANGEMESSENER ZEIT DURCHTESTEN. DAS PROBLEM IST HIER JEDOCH DER BEGRIFF „ANGEMESSEN".
! TILT !
SYSTEM IM AUTO...KRQ... SCHEN... ZUFA...KRQKRQ
GEEK FOREVER
FÜR EINE ZUFÄLLIGE ENTSTEHUNG DER KOMPLEXEN STRUKTUREN IM „SPIEL DES LEBENS" WÜRDE NICHT MAL DAS ALTER DES UNIVERSUMS AUSREICHEN. DAS IST EINE STATISTISCHE FRAGE. WIR KOMMEN NOCH DARAUF ZURÜCK.
KURZ GESAGT, DAS „SPIEL DES LEBENS" ERKLÄRT DAS LEBEN NICHT WIRKLICH. ABER ES VERANSCHAULICHT, WIE EIN EINFACHER ALGORITHMUS DURCH SELBSTORGANISATION KOMPLEXE STRUKTUREN ERZEUGEN KANN.
DAS KÖNNTE DER PRÄGENDE RAHMEN DES LEBENS SEIN...
ABER ...
WENN SELBSTORGANISATION AM AUFBAU DER WELT BETEILIGT IST, KÖNNTE SIE DANN MEIN „EKSTATISCHES ANTLITZ IM MONDENSCHEIN" WIEDERHERSTELLEN?
ÄH ... WENN'S WIRKLICH SEIN SOLL ...
DANN SIEGT DIE SELBSTORGANISATION ALSO ÜBER DIE ENTROPIE UND IHRE VERDAMMTE UNORDNUNG!
SPIEL „ORDNUNG GEGEN ENTROPIE" 1 ZU 0
HA!
UND ICH WERDE SO TUN, ALS HÄTTE ICH DEIN „WENN'S WIRKLICH SEIN SOLL" NICHT GEHÖRT.
UND WIE IST DER ENDSTAND IM SPIEL „ORDNUNG GEGEN ENTROPIE"? DIE ANTWORT STECKT IM UNIVERSUMSCOCKTAIL ...
?
ER HAT SICH WÄHREND UNSERES GESPRÄCHS VÖLLIG VERMISCHT.
MIST! ICH WETTE, ER IST LAUWARM.
SCHADE, EIN SO SCHÖNER COCKTAIL.
WIR HABEN IHN NICHT MAL PROBIERT! SCHANDE!

Am Ende gewinnt immer die Entropie, das habe ich euch doch gesagt. Sie vermischt alles, bis das Äquilibrium erreicht ist – wie eine Suppe, die durch kein Rühren noch mehr gemischt werden kann.
Und das Gleiche wird mit unserem Universum passieren, dessen Energie sich so lange verdünnt, bis es am Ende kalt und dunkel ist: The Big Freeze! Eine eisige, fade Gazpachosuppe.
Es sei denn, es geschieht etwas Unerwartetes.
Bis dahin verhindert die Entropie aber nicht die Komplexität ... vorübergehend!
Auf der Zeitskala des Universums befinden wir uns immer noch in unserer organisierten Turbulenz.
Und auch wenn sie der grossen Vermischung dient, ist diese Turbulenz für den Moment eine kreative Fee, und ihr Zauberstab ist die Energie, der Elektromagnetismus!
Die Photonen.
Das Licht!
Genau.
Wie war es noch gleich mit der Makkaroni-Packung? Wir leben eher in einem Universum aus Energie als in einem aus Materie. Materie kann in Strahlung umgewandelt werden, in sichtbares und unsichtbares Licht.
PASTA Buena
Licht macht in Wahrheit eher das Gegenteil: Es formt die Materie und ihre Milliarden von Atomen.
Die Lichtfee bearbeitet die Materie wie... äh... der Bildhauer mit seinem Meissel!
Ach so, hat die Lichtfee auch einen Meissel?

DIE ELEKTROMAGNETISCHE KRAFT FORMT DIE MATERIE: PHOTONEN FÜGEN DEN ATOMKERN UND DIE ELEKTRONEN ZUSAMMEN, DIE IHRERSEITS PHOTONEN ABSORBIEREN ODER EMITTIEREN, WENN SIE IHRE UMLAUFBAHNEN ÄNDERN. DIESE PHOTONEN TRETEN MIT ANDEREN ATOMEN IN WECHSELWIRKUNG UND FORMEN SIE.
DIE GRAVITATION HINGEGEN BERÜHRT UNSERE ATOME KAUM: SIE WIRKT EHER AUF SEHR MASSEREICHE OBJEKTE. AUF UNSERER MIKROEBENE DOMINIERT DER ELEKTROMAGNETISMUS DAHER BEI WEITEM ÜBER DIE SCHWERKRAFT.
UND DAS IST AUCH GUT SO! DENN IN SACHEN KÜNSTLERISCHE MEISTERSCHAFT LÄSST SICH DIE GRAVITATION EHER MIT EINER VORSCHULKLASSE VERGLEICHEN ALS MIT MICHELANGELO: SIE „ZEICHNET" KUGELN UND RUNDE DINGE.
Großes Rundes
Kleines Rundes
Mittleres Rundes
... Rundes aller Art
STELLEN WIR UNS EINE WELT VOR, DIE VOLLSTÄNDIG VON DER GRAVITATION BEHERRSCHT WÜRDE ...
WER MÖCHTE KLÖSSE?
GIBT'S NOCH WAS ANDERES ALS KLÖSSE?
ALSO STEVEN ... SIEHST DU VIELLEICHT WAS ANDERES?
ICH BIN ABER HECTOR ...
DU SIEHST STEVEN ZUM VERWECHSELN ÄHNLICH!
ALSO, WAS GIBT'S DENN NUN AUSSER KLÖSSEN ...?
HALT DIE KLAPPE, RODERICH.
ICH BIN SOPHIE!

ZUM GLÜCK LASSEN UNSERE ELEKTROMAGNETISCHEN ATOME ALLE MÖGLICHEN UND ERDENKLICHEN FORMEN ZU. DIE FEE DES SICHTBAREN UND UNSICHTBAREN LICHTS ZEICHNET DIE UMRISSE UNSERER WELT WIE DER KÜNSTLER MIT SEINEM PINSEL.
ZAUBERSTAB, MEISSEL, PINSEL ... DAS IST KEINE FEE MEHR, SONDERN EINE HEIMWERKERIN!
SO IST ES! UNSERE GESAMTE MASCHINERIE IST BIO-ELEKTROMAGNETISCH. WIR KONSUMIEREN HOCHWERTIGE ELEKTROMAGNETISCHE ENERGIE, DIE VON DER SONNE KOMMT. DIREKT ...
... UND INDIREKT: WAS AUCH IMMER WIR ESSEN, ES IST DANK DER SONNE HIER.
KÖNNEN WIR BITTE AUFHÖREN, VON „ESSEN" ZU REDEN?
ALSO, ICH HABE EIN BISSCHEN HUNGER.
DANN VERSTREUEN WIR EINEN TEIL DIESER ENERGIE WIEDER IN FORM VON WÄRME. WIR DIENEN DER ENTROPIE, WÄHREND WIR, SOLANGE SICH UNSERE ZELLEN UNAUFHÖRLICH ERNEUERN, VORÜBERGEHEND VOM ÄQUILIBRIUM AUSGENOMMEN SIND. DAS IST DAS PRIVILEG ALLER LEBEWESEN.
JOE Ice Cream
Sandwich
MIT „LEBEWESEN" BEZEICHNEN WIR AUCH PFLANZEN, DIE EBENFALLS ÜBER EIN SYSTEM DER ZELLERNEUERUNG VERFÜGEN. DAS SIND LEBENSFORMEN, DEREN KOMPLEXITÄT WIR GERADE ERST ZU ENTDECKEN BEGINNEN, INSBESONDERE IN BEZUG AUF KOMMUNIKATION UND GEDÄCHTNIS.
PFLANZEN UND TIERE SIND OFFENBAR SEHR UNTERSCHIEDLICH. SIE SIND JEDOCH AUS DEMSELBEN EVOLUTIONSKONTINUUM HERVORGEGANGEN.

PFLANZEN SIND GEWISSERMASSEN TIERE, DIE SICH NICHT FORTBEWEGEN!
ENERGETISCH GESEHEN BESTEHT DER UNTERSCHIED ZWISCHEN UNS UND EINER BLUME IN EINEM EINZIGEN ATOM: EISEN IN UNSEREM BLUT STATT MAGNESIUM IM CHLOROPHYLL.
MAGNESIUM IST NICHT IN DER LAGE, SAUERSTOFF ZU TRANSPORTIEREN. OHNE SAUERSTOFF IST UNS DAS ATMEN NICHT MÖGLICH. OHNE ATMUNG KEINE FORTBEWEGUNG. DANN RÜHRST DU DICH NICHT MEHR!
Chlorophyllmolekül
C
N
Mg
N
N
N
C
C
C
Häm des Hämoglobins
C
N
Fe
N
N
N
C
C
C
UM HAARESBREITE – ETWA MIT MAGNESIUM ANSTELLE VON EISEN – WÄREN WIR ZIERPFLANZEN GEWORDEN!
DANN MÜSSTEN WIR SONNENENERGIE DIREKT VOR ORT PER PHOTOSYNTHESE UMWANDELN.
ALS YUCCA ENDEN ... SCHLECHTES KARMA, ODER?
ICH BIN NICHT SICHER, OB DU EINE YUCCA WÄRST.
BSSS
DA KITZELT WAS AN MEINER ... MEINEM ...
PFFF ... ICH HÄTTE JETZT GERN EIN BISSCHEN WASSER.

GLÜCKLICHERWEISE KÖNNEN WIR MITHILFE VON EISEN, DAS SAUERSTOFF EINFÄNGT, ATP-MOLEKÜLE BILDEN. DIESE ENERGIE-SUPERPAKETE, VERITABLE TRAGBARE „BATTERIEN", ERMÖGLICHEN ES UNS, MOBIL UND UNABHÄNGIG ZU SEIN.
UFF.
WIR KÖNNEN UNS GANZ EINFACH AUFLADEN, INDEM WIR ESSEN.
WOLLT IHR EUCH SCHON WIEDER AUFS BÜFETT STÜRZEN?!
DASCH ISCHT DER KAMPF GEGENSCH ÄQUILIBRIUM ...
DASCH ISCHT EINE GERESCHTE SACHE.
EINE EDLE SACHE, WÜRDE ISCH SOGAR SAGEN.
SCHMATZ
WÄHREND WIR AUFS ÄQUILIBRIUM WARTEN, DIE GROSSE BÖSE VERMISCHUNG ... KÖNNEN WIR DOCH NOCH EIN GLÄSCHEN TRINKEN!
HILBERT, MIXT DU UNS NOCH EINEN COCKTAIL?
BIN SCHON DABEI! ER IST FAST FERTIG!
ABER WENN ALLES AUF DIE ULTIMATIVE UNORDNUNG ZUSTEUERT, MUSS DAS UNIVERSUM AM ANFANG UNGLAUBLICH GEORDNET GEWESEN SEIN! WIE IST DAS MÖGLICH?
HM ...
ES GIBT PHÄNOMENE, DIE WIR NOCH IMMER NICHT VERSTEHEN.
GENAU ... WIE HILBERTS ATEMBERAUBENDEN COCKTAIL!
BITTESCHÖN!
??

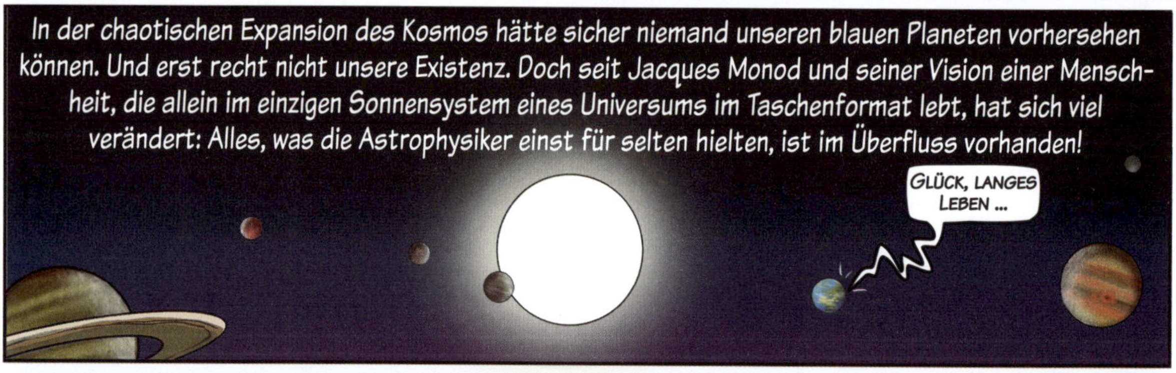

Würden wir den Film des Universums zurückspulen und noch einmal abspielen, würde er wahrscheinlich ganz anders aussehen als das, was wir kennen. Aber sind wir wirklich „zufällig" aus einem Haufen von Partikeln entstanden? Und was genau bedeutet der Begriff „Zufall"?

Kapitel 5

DIE UNWAHRSCHEINLICHE ODYSSEE

„Sie sind ein Versehen … Ein riesiges Spinatblatt, das zwischen den Kiefern des Universums klemmt!“

Michael zu Eleanor, *The Good Place,* Staffel 1, Episode 8

Wir leben in einer Welt, die dank einer offenbar unwahrscheinlichen Feineinstellung physikalischer Konstanten entstehen, sich selbst organisieren und immer komplexer werden konnte. Was genau ist das Wahrscheinliche und das Unwahrscheinliche? Welche Rolle spielt der Zufall? Und wie lässt sich all das messen?

Dieses Theorem kam Anfang des 20. Jahrhunderts in Umlauf. Es präsentiert einen Affen, der planlos auf einer Schreibmaschine herumtippt.
Das Theorem besagt: Wenn der Affe unendlich lange auf die Tasten einhämmert, wird er früher oder später eine vollkommen originalgetreue Version eines langen Erzähltextes reproduzieren – etwa der *Ilias* von Homer.
moderne Variante
TAPP
TIPP
TAPP
TAPP
TAPP
TAPP
TIPP
TAPP
TAPP
Diese Behauptung wird allerdings gewichtet: Die Wahrscheinlichkeit, dass so etwas passiert, ist sehr gering. Für eine solche Großtat würde der Affe mehr Jahre brauchen, als das Universum alt ist, nämlich mehr als 13,8 Milliarden Jahre.
TAPP...
TIPP
TIPP
TAPP
TAPP
TAPP...
TAPP
TIPP...
TAPP
TAPP
Aber „länger als das Alter des Universums" – wie lange ist das? Und wenn es nicht einen tippenden Affen gäbe, sondern eine Million, würde dann am Ende Homers *Ilias* herauskommen?
TAPP TIPP TAPP TAPP TAPP TIPP TAPP TAPP TAPP GRMMPF TAPP TAPP TIPP TAPP TAPP
TAPP
TAPP
TAPP
TIPP
TAPP
Wir brauchen hier eine Maßeinheit für den Zufall. Eine Skala der Wahrscheinlichkeit.
OH, WAS IST DAS DENN??
Spazieren wir mal in Richtung Unendlichkeiten. Unser Startpunkt soll ein Objekt sein, das aus dem komplexen und kreativen Geist eines Homo sapiens hervorgegangen ist …
EIN NEOINDUSTRIELL-POSTNIHILISTISCHES SOFA!
DER HERR HAT GESCHMACK.
PUFF!
FAST WIE NEU.

Nehmen wir nun dieses Teilchen, um das größte denkbare Ding zu vermessen: das Universum!
Etappe 1: Die Raumzeit wird in „Nano-Schachteln" von der Größe eines Elementarteilchens zerschnitten.
Etappe 2: Wir zählen die Anzahl dieser Schachteln im Raum und auch in der Zeit.

Die Idee dahinter ist, die Raumzeit des Universums (von seiner Entstehung vor 13,8 Milliarden Jahren bis heute) mit „Schachteln" aus Elementarteilchen auszufüllen. Wie groß wäre ihre Zahl?

Es wären ungefähr 10^{150} Nano-Schachteln: eine 1 mit 150 Nullen dran. Das gesamte Universum wäre damit ausgefüllt, nicht nur jetzt, sondern auch in jeder „Scheibe" des Raums seit dem Urknall!

Es ist schwer, sich etwas Größeres als 10^{150} vorzustellen. Es ist das Maß der denkbar weitesten Ausdehnung, also der Raumzeit des Universums, ausgedrückt in der kleinsten denkbaren Einheit, einem Elementarteilchen.

Der österreichische Mathematiker Martin Hairer weist darauf hin, dass die Zahl 10^{150} praktisch bereits unendlich ist. Eine Art Grenze des Wahrscheinlichen.

Auf Grundlage dieses Limits von 10^{150} können wir nun versuchen, die Chancen abzuschätzen, dass sich ein Universum wie das unsere bildet. Und damit auch unsere Erde.

Im ersten Kapitel haben wir gesehen, dass man nur schwer über die physikalischen Konstanten hinweggehen kann, die unser Universum so präzise regeln:

$G = 6{,}674 \times 10^{-11}\ \mathrm{m^3\ kg^{-1}\ s^{-2}}$

$C = 299\ 792\ 458\ \mathrm{m/s}$

$k = 1{,}380649 \times 10^{-23}\ \mathrm{J/K}$

$h = 6{,}62607015 \times 10^{-34}\ \mathrm{m^2\ kg/s}$

Masse des Neutrons = 939,5653 Mev

usw.

Liegt die Wahrscheinlichkeit eines so fein eingestellten und geordneten Universums unter $1 : 10^{150}$? Offenbar ja. Und sogar deutlich, wie wir noch sehen werden. Ein existenzfähiges Universum zu schaffen, scheint ein Ding der Unmöglichkeit zu sein ...

Unsere Welt scheint nur durch einen außerordentlichen und unerklärten Zufall zu existieren.

Und das ist echt ärgerlich!

Wenn es etwas gibt, das Wissenschaftler misstrauisch macht, dann sind es unerklärte Zufälle (und endlose philosophische Schwafeleien).
DER WEISE HAT GESAGT: LASST UNS VERTRAUEN HABEN ... BLA BLA BLA ...
HÖREN WIR AUF ZU ZWEIFELN, DENN ... BLA BLA BLA ...
?
BLA BLA BLA
ICH SAGE ES IHNEN: DIES TRÄGT DAS ZEICHEN DES SCHICKSALS ... BLA BLA ...
Welche möglichen Erklärungen gibt es also für die offenbar außergewöhnlichen Zufälle, die unser Universum geschaffen haben?
1 Erste Erklärung: Das Universum ist das Werk eines Gottes.
UND HOPP!
PLOPP!
Problem: Für die Wissenschaft ähnelt Gott ein bisschen zu sehr einem geschwätzigen Philosophen ...
ICH SAGE ES IHNEN: HIENIEDEN IST ... BLA BLA BLA ...
DIE GEDULD ... BLA BLA BLA ...
BLABLA
... und er hat, wie die deutsche Physikerin Sabine Hossenfelder es ausdrückt, zu wenig Ähnlichkeit mit einer Gleichung.
HAHA
Die deistische Option liegt also eher in persönlicher Überzeugung begründet. Das bedeutet nicht, dass sie falsch ist – sie ist nur „unwissenschaftlich".
NA SCHÖN ... DARF ICH SIE HINAUSBEGLEITEN?
UND VERGESSEN SIE NICHT, DASS ... BLA BLA BLA ...
2 Zweites Argument gegen den Zufall, diesmal eher wissenschaftskompatibel: das **Multiversum.** Es gibt nicht ein Universum, sondern eine Vielzahl davon.
Und damit eine Art Universumslotterie.
BRIMBL-BOMBL ...
BRRRLL
Diese Idee hat den Vorteil, dass sie unser so spezielles Universum auf die richtige Seite der Wahrscheinlichkeitsbarriere rückt.
BRIMBL-BOMBL ...
BRRRLL
GÄHN

Unser Universum wäre also eine Gewinnzahl unter vielen Nietenuniversen mit misslungenen Zufallseinstellungen. Damit diese Option statistisch akzeptabel wird, braucht man viele andere Universumskandidaten.
Wirklich viele!
CLOC
CLOC
Die Stringtheorie etwa geht von bis zu 10^{500} Paralleluniversen aus! Eine verblüffende Zahl, die angesichts unserer „bescheidenen" 10^{150} die Ziehung unseres Universums nicht nur in einer Version möglich macht, sondern in unendlich vielen Versionen seiner selbst!
CLOC
CLOC
CLOC-CLOC
CLOC
CLOC
CLOC-CLOC-CLOC
CLOC
Bei einer solchen Fülle an Universen würde es auch uns unendlich oft geben – in allen möglichen und vorstellbaren Varianten. Manchmal sehr anders, manchmal nur leicht abgewandelt.
Da wäre etwa ein Universum, in dem Sie Mitglied der *Jackson Four* sind (ja, in dem hier sind es nur vier, neben anderen Unterschieden).
In einem anderen Universum sind Sie Gustafine Eiffel, die Erschafferin des gleichnamigen berühmten Turmes.
Hier gehören Sie einem Stamm von Liliputanern an.
Sie könnten auch eine Kreatur auf einem völlig von Wasser bedeckten Planeten sein.
Noch ein Universum: Diesmal heißt der Comic, den Sie in der Hand halten, „Cosmux".
Und die Evolution hat Ihnen 4 Arme beschert.
Was Vorteile hat.
COSMUX
Und hier kommen Sie zu spät zur Arbeit.

Vergessen Sie nicht: Dieses Universum hat dieselben physikalischen Konstanten wie unseres, aber in unendlich vielen Versionen. 10^{500} Universen erlauben nämlich unendlich viele Versionen unseres Universums, denn die Zahl ist unendlich größer als unsere 10^{150}, die ihrerseits praktisch schon unendlich sind (ja, da kommen eine Menge Unendlichkeiten zusammen).
#&@% SCHON WIEDER MONTAG!*
*Und natürlich gibt es auch ein fast identisches Meeresuniversum ohne Montag.
Die Idee der multiplen Paralleluniversen scheint in Einklang mit der Theorie vom Big Bang und seiner Ausdehnung zu stehen. Aber gibt es uns wirklich unendlich oft?
??
ALLES FÜR 1 €
COSMIX
Man müsste die Existenz anderer Universen nachweisen können. Dabei haben wir noch nicht mal Zugang zu den Grenzen unseres eigenen. Die Theorie vom Multiversum hat einen großen Makel: Sie lässt sich nicht verifizieren.
ALLES OKAY?
ÄHM ... JAJA.
Eine wissenschaftliche Theorie wie die vom Multiversum, die man weder beweisen noch entkräften kann, sieht ironischerweise eher wie ... „Religion" aus als wie Naturwissenschaft.
MEIN HERR, MÖCHTEN SIE MIT IHREN INKARNATIONEN IN ANDEREN UNIVERSEN KONTAKT AUFNEHMEN?
MOMENTAN HABEN WIR 3 CHAKRA-SALBEN ZUM PREIS VON 2. ZÖGERN SIE NICHT!
ÄH ... NEIN, DANKE.
OH! 3 ZUM PREIS VON 2! SOLLTEST DU DIR ECHT ÜBERLEGEN.
HEILIGER HONIG
3
Dritte mögliche Erklärung für die Zufälle, die unser Universum so subtil regeln: Es sind gar keine Zufälle! Anders gesagt: Das Leben – wenn man es überhaupt definieren kann – passt sich einfach nur an die ihm angebotenen Bedingungen an, wie die auch aussehen mögen. Stellen wir uns ein solches Universum vor, das also „anderen" Gesetzen gehorcht.
MÖCHT3N S13 M1T 1HR3N 1NK4RN4T1ON3N 1N 4ND3R3N UN1V3RS3N KONT4KT 4UFN3HM3N?
ÄH ... N31N, D4NK3.

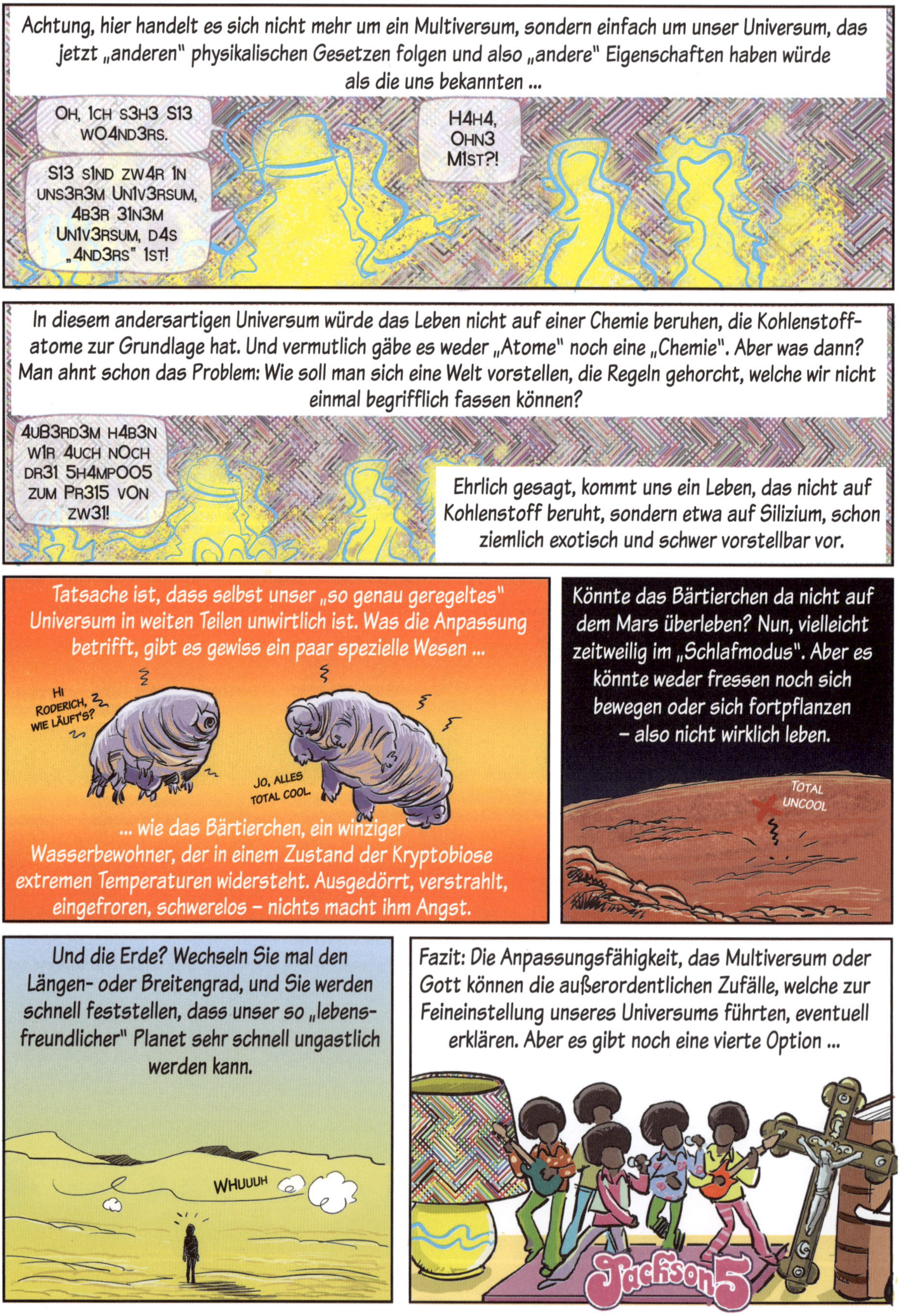
Achtung, hier handelt es sich nicht mehr um ein Multiversum, sondern einfach um unser Universum, das jetzt „anderen" physikalischen Gesetzen folgen und also „andere" Eigenschaften haben würde als die uns bekannten ...
OH, ICH S3H3 S13 WO4ND3RS.
S13 SIND ZW4R IN UNS3R3M UNIV3RSUM, 4B3R 31N3M UNIV3RSUM, D4S „4ND3RS" IST!
H4H4, OHN3 MIST?!
In diesem andersartigen Universum würde das Leben nicht auf einer Chemie beruhen, die Kohlenstoffatome zur Grundlage hat. Und vermutlich gäbe es weder „Atome" noch eine „Chemie". Aber was dann? Man ahnt schon das Problem: Wie soll man sich eine Welt vorstellen, die Regeln gehorcht, welche wir nicht einmal begrifflich fassen können?
4UB3RD3M H4B3N WIR 4UCH NOCH DR31 5H4MPOO5 ZUM PR315 VON ZW31!
Ehrlich gesagt, kommt uns ein Leben, das nicht auf Kohlenstoff beruht, sondern etwa auf Silizium, schon ziemlich exotisch und schwer vorstellbar vor.
Tatsache ist, dass selbst unser „so genau geregeltes" Universum in weiten Teilen unwirtlich ist. Was die Anpassung betrifft, gibt es gewiss ein paar spezielle Wesen ...
HI RODERICH, WIE LÄUFT'S?
JO, ALLES TOTAL COOL
... wie das Bärtierchen, ein winziger Wasserbewohner, der in einem Zustand der Kryptobiose extremen Temperaturen widersteht. Ausgedörrt, verstrahlt, eingefroren, schwerelos – nichts macht ihm Angst.
Könnte das Bärtierchen da nicht auf dem Mars überleben? Nun, vielleicht zeitweilig im „Schlafmodus". Aber es könnte weder fressen noch sich bewegen oder sich fortpflanzen – also nicht wirklich leben.
TOTAL UNCOOL
Und die Erde? Wechseln Sie mal den Längen- oder Breitengrad, und Sie werden schnell feststellen, dass unser so „lebensfreundlicher" Planet sehr schnell ungastlich werden kann.
WHUUUH
Fazit: Die Anpassungsfähigkeit, das Multiversum oder Gott können die außerordentlichen Zufälle, welche zur Feineinstellung unseres Universums führten, eventuell erklären. Aber es gibt noch eine vierte Option ...
Jackson5

4
... den Zufall! Ein fantastischer Zufallstreffer. Als hätte unser tippender Affe nicht gleich ein ganzes Buch, aber vielleicht **eine Seite** geschrieben, die durch glückliche Fügung die Gesetze des Universums enthält.
Jackson 5
Diese einzigartige Seite würde etwa 30 Gesetze und physikalische Konstanten enthalten, die den Lauf unserer Welt regeln. Zum Beispiel das 1 : 1836-Masseverhältnis zwischen Elektron und Proton (vgl. S. 34).
Testen wir's doch mal.
TAPP TAPP TIPP TAPP
Wie groß ist die Wahrscheinlichkeit, dass unser Affe eine Seite in der richtigen Reihenfolge schreibt? Im Prinzip dürfte sie deutlich höher liegen als 1 : 10^{150}, unser „praktisch schon Unendliches". Oder?
TAPP TAPP TIPP TAPP TIPP TIPP TAPP TAPP TAPP TIPP TAPP TAPP TAPP TIPP
Könnte der Affe einen Zufallstreffer landen und die Grundgesetze des Universums niederschreiben? Die Wahrscheinlichkeit ist tatsächlich nicht null.
OOOH, UNGLAUBLICH!!
Aber in Wahrheit müsste der Affe statistisch gesehen 10^{4000} Buchstaben in die Maschine hämmern (eine 1 mit 4000 Nullen dran), ehe er eine einzige sinnvolle Seite produziert. Diese Zahl ist so monströs, dass der französische Mathematiker Émile Borel sie unter „zu vernachlässigende Wahrscheinlichkeiten" eingeordnet hat: zu gering, um sich jemals einzustellen. Und die Anzahl der Affen würde nichts daran ändern.
„GJFOAWERN ZGFAAFFKLAI ASRK39IF KLOKC FLGU ..."
DEN REST LESE ICH JETZT MAL NICHT VOR ...
CLAP CLAP CLAP CLAP
DER STIL LÄSST ZU WÜNSCHEN ÜBRIG. UND NICHT NUR DER STIL ...
ODER HAT „KLOKC FLGU" VIELLEICHT EINEN VERBORGENEN SINN?!

OH, LÀ, LÀ, JETZT SIEHT ER ABER ÄRGERLICH AUS! ER WIRD UNS NOCH DIE TASTATUR KAPUTT MACHEN!
VIELLEICHT HÄTTEN WIR IHN BEGLÜCKWÜNSCHEN SOLLEN.
TAPP! TAPP! TAPP! TAPP!
Das andere Problem ist, dass der Affe sich nicht mit einer einzigen Seite begnügen sollte. Als würde das Gesagte nicht schon genügen, gibt es eine Klippe, die noch stärker hervorspringt als die scheinbare „Feineinstellung" der Gesetze des Universums.
HM, ES BRINGT NICHTS, EINE NEUE SEITE ZU ERWARTEN ...
WERDEN WIR EIGENTLICH DAFÜR BEZAHLT?
Diese andere Klippe heißt „**Ausgangsordnung**". Wir haben gesehen, dass die Entropie unsere Welt dazu zwingt, sich zu einem immer „unordentlicheren" Zustand hin zu entwickeln – zu einem großen kosmischen Basar.
AH, GUTEN TAG! SIE SIND ALSO AUCH AUF FLOHMÄRKTEN PRÄSENT.
VERKAUFEN SIE IMMER NOCH STALAKTITEN-SCHLÜSSELANHÄNGER?
JETZT MACHE ICH AUCH STALAKMITEN!
MAN MUSS SICH MÖGLICHST BREIT AUFSTELLEN.
Schlüsselanhänger
STALAKMITEN
NEW
Wenn alles in Richtung Unordnung neigt, muss die ursprüngliche Ordnung im Augenblick des Urknalls gigantisch gewesen sein. Denken Sie an die Tiefen des Kosmos, in denen die Teilchen so perfekt in Reih und Glied angeordnet waren wie Blaubeeren auf einer Torte!
Aber wie zum Teufel konnten sich die Teilchen von allein so ausrichten? Sie waren doch dem Gewoge des kosmischen Ursprungsmagmas total ausgesetzt – es war wie in einem brodelnden Kochkessel.

Der britische Mathematiker und Nobelpreisträger Roger Penrose hat die Chancen berechnet, dass man zufällig in ein Universum mit einer so erstaunlichen Ausgangsordnung gerät.
Und da erblasst selbst unser Meisterbogenschütze, der uns illustriert hat, dass die Anfangsdichte des Alls sich nur mit einer Wahrscheinlichkeit von eins zu 10^{60} einstellen konnte. Laut Roger Penrose liegt die Chance, dass unser Universum zu Beginn derart gut geordnet war, bei eins zu 10 hoch 10 hoch 124!
ZEHN HOCH WAS?!?
Ja, die Potenz einer Potenz.
Eine Chance auf $10^{10^{124}}$
Diese Zahl ist so groß, dass man ein Blatt von mehreren Lichtjahren Länge brauchte, um sie aufzuschreiben!
TSCHACK!
Als hätte unser tippender Affe nicht nur eine, sondern sämtliche ca. 500 Seiten von Homers *Ilias* zu Papier gebracht, ganz durch Zufall und ohne jeden Fehler. So erklärt es im Prinzip der Astrophysiker Aurélien Barrau. Ein riesiges klaffendes Loch in unserem Verständnis des Universums, wie er schreibt.
Die Wahrscheinlichkeit eines Universums, das an seinem Beginn derart gut geordnet war, sei so absurd gering, dass sie „eine vollkommen andere theoretische Erklärung erfordert", wie Roger Penrose noch draufsetzt.

Penrose stellt also folgende Hypothese auf: Unser Universum reproduziert sich selbst in wiederkehrenden Zyklen. Bei dieser „konformen zyklischen Kosmologie“ reihen sich verschiedene Expansionsphasen aneinander, und nur die masselosen Teilchen bleiben erhalten. Das würde Penrose zufolge das Geheimnis der Ausgangsordnung des Universums auflösen.

Auch andere Hypothesen sind vorgebracht worden, aber solange wir darauf warten, dass sie von etwas Greifbarem gestützt werden, müssen wir eingestehen, dass der Ursprung des Universums unklar ist.

Das Licht verwendet die Materie, um sich zu vermehren, und die Materie benutzt das Licht, um sich zu strukturieren. Das Universum scheint sich auf einer abschüssigen Bahn zu bewegen, auf der Leben durchaus eine natürliche Tendenz sein könnte. Es würde dann also, wie der Astrophysiker David Elbaz einschätzt, aus einer notwendigen Ursache herrühren und nicht aus purem Zufall.
Dennoch bleibt eine große Klippe bestehen: Um *nach dem Zufallsprinzip* komplexe Strukturen oberhalb der atomaren Ebene zu erzeugen, müsste das „System" Universum alle möglichen Anordnungen in einer vernünftigen Frist durchtesten. Wenn Sie sich erinnern: Ein solches System nennt man „ergodisch".
Aber ganz wie im „Spiel des Lebens" liegt die notwendige Zeit, um zufällig komplexe Strukturen zu erhalten, weit über dem Alter des Universums. Eine auf physikalischen Regeln basierende Organisation genügt also nicht, um das Leben zu erklären.
Die Komplexität oberhalb der atomaren Ebene und erst recht die Komplexität organischer Moleküle sind das Resultat eines oder mehrerer nicht-ergodischer Prozesse. Was könnten das für Prozesse sein?
AH! DA IST JA WIEDER UNSERE NIHILISTISCHE COUCH!
OH MIST! WIR HÄTTEN UNS EINEN ANDEREN RÜCKWEG SUCHEN SOLLEN!

HAST DU ETWAS AUFGEGABELT?
EINE ALTE ILLUSTRIERTE AUSGABE DER *ODYSSEE*. UND DU?
DIESE KLEINE STATUE! ICH FINDE SIE DROLLIG.
AH JA, PERFEKT, UM EIN KAMINSIMS VOLLZUSTELLEN.
WAS DAS VOLLSTELLEN BETRIFFT, SEID IHR ABER NOCH BESCHEIDEN ... ANDERE SCHAFFEN ES, AUF EINEN SCHLAG EIN GANZES WOHNZIMMER ZU VERSTOPFEN!

Kapitel 6

VOM UNBELEBTEN ZUM LEBENDIGEN

„Es lebt. Es leeebt!“

Aus dem Film *Frankenstein* (1931)

WILLKOMMEN ZU UNSERER NEUEN FOLGE VON „WUNDERKÜCHE DER WISSENSCHAFT"! HEUTE BEFASST SICH UNSER EXPERIMENTELLES KOCHSTUDIO MIT DER ENTSTEHUNG DES LEBENS – DER ABIOGENESE!
ICH BIN HILBERT ...
... UND ICH LUCE.
EIN DANK AN UNSERE GÄSTE, ADAM UND ZOÉ, ZWEI PUREN PRODUKTEN JENER ABIOGENESE – HAHA!
GANZ WIE SIE!
DANKE, LIEBE ZUSCHAUER, DASS SIE DA SIND! BESONDERS NACH ALL DEN HEIMSUCHUNGEN, DIE SIE ÜBERLEBT HABEN ...
DEN EISIGEN KOSMOS!
UNWIRTLICHE ERDZEITALTER!
WINZIGE MATHEMATISCHE WAHRSCHEINLICHKEITEN!
UND BEVOR SIE DER UNBARMHERZIGEN ENTROPIE WIDERSTANDEN, MUSSTEN SIE DIE ALLERWICHTIGSTE SCHWELLE ÜBERSCHREITEN.
WIR MEINEN DEN ÜBERGANG VON DIESEM HAUFEN TEILCHEN ZUM „SIE"!
GACKS
PSST! KOMM HIER LANG!
REDEN WIR VON DER KLEINSTEN LEBENDEN EINHEIT, DIE SOLCHE TEILCHEN BILDEN: DER ZELLE!
JEDE IHRER ZELLEN ORGANISIERT SICH ALS AUTONOME STRUKTUR.
EINE ZELLE LEISTET DER UNERBITTLICHEN ENTROPIE WIDERSTAND. SIE UMSCHLIESST INFORMATIONSTRAGENDE MOLEKÜLE UND KANN SICH SELBST REPRODUZIEREN.
KURZ, EINE ZELLE IST EINE ART „SIE" IM MINIFORMAT!

ABER WIE HABEN SICH DIE ERSTEN ZELLEN EINGESTELLT? WIR WERDEN JETZT EIN PAAR ATOME ARRANGIEREN UND VERSUCHEN, DEN ÜBERGANG VOM UNBELEBTEN ZUM LEBENDIGEN NACHZUBILDEN – DIE BERÜHMTE ABIOGENESE.
– 4 500 000 000 JAHRE
DIESER TISCH IST EINE NACHBILDUNG DER ERDE VOR ETWA 4,5 MILLIARDEN JAHREN. ALLE ELEMENTE, DIE WIR BRAUCHEN, SIND DA – INMITTEN EINER STERILEN WELT ...
PSST ... KOMM HER ... PUTT, PUTT ...
MITHILFE UNSERES ABIO-SIMULATIONSTISCHS.
GACK
KOHLENSTOFF (C), SAUERSTOFF (O), STICKSTOFF (N), SCHWEFEL (S), PHOSPHOR (P) UND WASSERSTOFF (H): MASSENHAFT ATOME, DIE SICH LEICHT UND QUASI UNENDLICH OFT VERBINDEN KÖNNEN, UM MOLEKÜLE ZU BILDEN.
– 4 500 000 000 JAHRE
ABER WESHALB FINDEN SICH DIE ATOME EIGENTLICH ZU MOLEKÜLEN ZUSAMMEN? NUN JA, WEIL SIE DADURCH AN STABILITÄT GEWINNEN.
SO FORMEN SIE ZUM BEISPIEL MOLEKÜLE WIE WASSER, AMMONIAK, METHAN ODER AUCH BLAUSÄURE.
Wasser
Ammoniak
Methan
Blausäure
AH! EINE MILLIARDE JAHRE SIND VERFLOSSEN.
DIE ZEIT RENNT!
– 3 500 000 000 JAHRE
NUN SETZEN WIR DIESE NEUEN MOLEKÜLE NATÜRLICHEN PHÄNOMENEN AUS.
ZUM BEISPIEL EINEM ORDENTLICHEN ELEKTROSCHOCK ...
TSCHACK!
... WIE ES EIN BLITZ MACHEN KÖNNTE!
BRRAAOMM
BADABROOMM

OHO!
?!?
GEWONNEN! DAS EXPERIMENT HAT NEUE ZUTATEN ERSCHAFFEN, VOR ALLEM MEHRERE AMINOSÄUREN WIE GLYCIN ODER ALANIN.
DIESES EXPERIMENT WURDE 1953 VON DEN AMERIKANERN STANLEY MILLER UND HAROLD C. UREY DURCHGEFÜHRT. ES SORGTE FÜR VIEL GETÖSE.
JIPPIE!
$C_2H_5NO_2$
$C_3H_7NO_2$
BUCHSTÄBLICH!
WER AMINOSÄUREN ERZEUGT, SCHAFFT DAMIT DIE GRUNDBAUSTEINE DER PROTEINE, DIE FÜR IHRE KÜNFTIGEN ZELLEN VONNÖTEN SIND.
KURZ NACH MILLER FÜHRTE DER SPANIER JUAN ORÓ EIN ÄHNLICHES EXPERIMENT DURCH, DIESMAL MIT BLAUSÄURE-MOLEKÜLEN, DIE MAN ÜBERALL IN DER NATUR FINDET.
ZÜCKT EURE SONNENBRILLEN!
Blausäure
DIE BLAUSÄUREMOLEKÜLE WURDEN EINER ULTRAVIOLETTEN STRAHLUNG AUSGESETZT, DIE ÄHNLICH WIE DIE DER SONNE WAR.
DAS TAT ORÓ EINE GEWISSE ZEIT LANG.
MPFF ... WIE LANGE DENN SO?
?!
GACK
GACK
GACK

AAH!
OOH!!
ICH GLAUBE, WIR MÜSSEN UNSERE HÜTE WIEDER RAUSHOLEN ...
EIN BESTANDTEIL DER DNA IST AUFGETAUCHT – DAS ADENIN. ES ZÄHLT ZU DEN SOGENANNTEN „STICKSTOFFBASEN", DENN ES ENTHÄLT MEHRERE STICKSTOFFATOME, DIE MIT KOHLENSTOFFATOMEN VERBUNDEN SIND.
EIN UNVERZICHTBARES MOLEKÜL FÜR DEN ZELLKERN!
$C_5H_5N_5$
JIPPIIE ZUBIDU
TRÖT
LOS, SETZEN WIR DAS EXPERIMENT FORT – NUN MIT WIND UND REGEN!
UNTERZIEHEN WIR UNSERE MOLEKÜLE EINER SEQUENZ AUS VERSCHIEDENEN EREIGNISSEN.
DU SETZT DEINE SONNENBRILLE WIEDER AUF?!
REIN INTUITIV.
WUHUUUUH
BRAAABUMM
AH, JA ...
WUSCHHHH
WIR FÜGEN EIN PAAR BESTANDTEILE HINZU, DIE AUS DEM ALL KAMEN, AUF DEM RÜCKEN VON METEORITEN – PURIN ZUM BEISPIEL.
WUMMS
WIND, TROCKENHEIT, REGEN – MEHRMALS HINTEREINANDER UND IN DER RICHTIGEN REIHENFOLGE!

Mir fehlt offenbar das Intuitionsgen.
Hihi! Ist das ein Gen?
Tadaaa! Ein ... ähm ... eine Zelle?!
Das ist eine, oder?
Nö ... Nur weitere Aminosäuren und Stickstoffbasen.
Zusammen mit den Zuckern und Phosphaten sind es die elementaren Bausteine des Lebens.
Na ja, ist doch super, oder?!
Hm ...
Die Bausteine des Lebens ... aber nicht das Leben selbst!
Oooch ...
Nun ja, der Übergang vom Unbelebten zum Lebendigen bleibt mysteriös ...
... aber wir haben ein paar Hypothesen!
Erinnert ihr euch an den Strudel des Universums? Jene Turbulenz von Energiegradienten könnte der Schlüssel für das Erscheinen einer dynamischen Komplexität sein.
Und dieses Schema konnte man vielleicht auf der Erde hier und da wiederfinden.
Etwa in einem Tümpel ...
... oder in einer kleinen Vertiefung im Fels.
Blubb
Ah, wir haben trotzdem was zu feiern!
Blubb
Oder auch in den tiefen ozeanischen Schloten: Heisse Gase und kaltes Wasser könnten es den Molekülen erlaubt haben, Energie zu schöpfen.
Blubb
An welchem Ort es auch geschehen sein mag – die Bildung einer Schutzmembran war eine Voraussetzung für das Leben. Ein paar Fetttröpfchen oder sogar eine Felstasche haben einen abgekapselten Raum geschaffen.
Ein Netz von langen Molekülen (den Polymeren) soll die Entwicklung dieses geschlossenen Raums gewährleistet haben, indem es im Inneren ein organisiertes System erschuf – und dabei ausserhalb des Raums die Entropie erhöhte.

NACH LUCA MUSS MAN NOCH UNGEFÄHR EINE MILLIARDE JAHRE WARTEN, EHE DIE ERSTE SOGENANNTE **EUKARYOTISCHE** ZELLE AUFTAUCHT, ALSO EINE MIT KERN. SIE DIVERSIFIZIERT SICH IN ZAHLREICHE ABSTAMMUNGSLINIEN UND BILDET SO DIE VIELZELLIGEN ORGANISMEN: TIERE, PFLANZEN UND PILZE. ALSO FAST ALLES ...

* Viele Bakterien und andere einzellige Lebewesen (etwa die Archaeen) sind bis heute anaerob.

WIE SEHEN IHRE SAUERSTOFFKOMPATIBLEN EUKARYOTISCHEN ZELLEN ALSO AUS? SCHON EINE EINZIGE IST EINE UNGLAUBLICHE FABRIK. SIE BESTEHT ZU 75 % AUS WASSER UND HAT DREI WICHTIGE TEILE: EINEN KERN, DER IN EINEM GALLERTARTIGEN CYTOPLASMA SCHWIMMT, UND EINE MEMBRAN, DIE DAS ALLES SCHÜTZT.

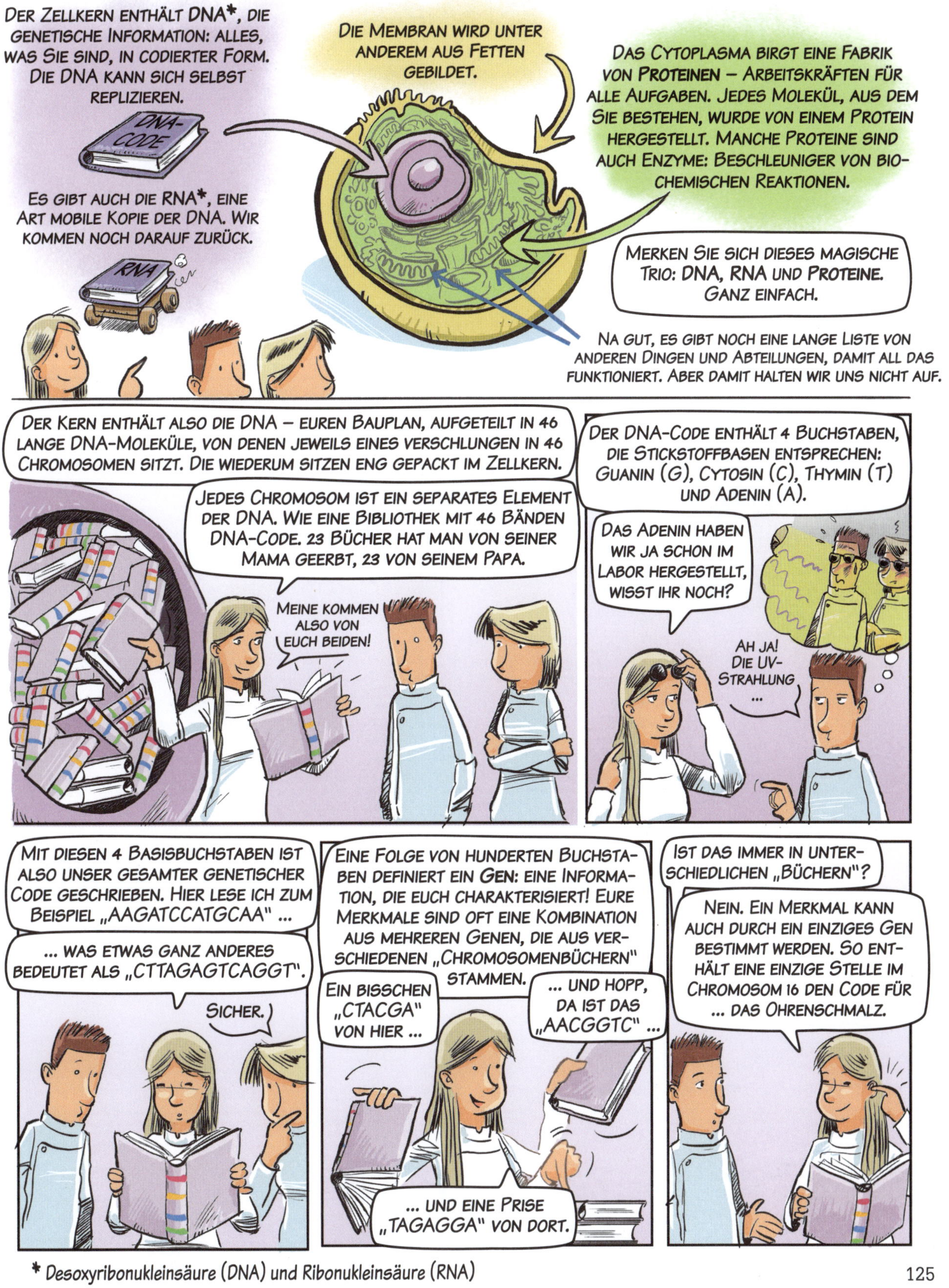

* Desoxyribonukleinsäure (DNA) und Ribonukleinsäure (RNA)

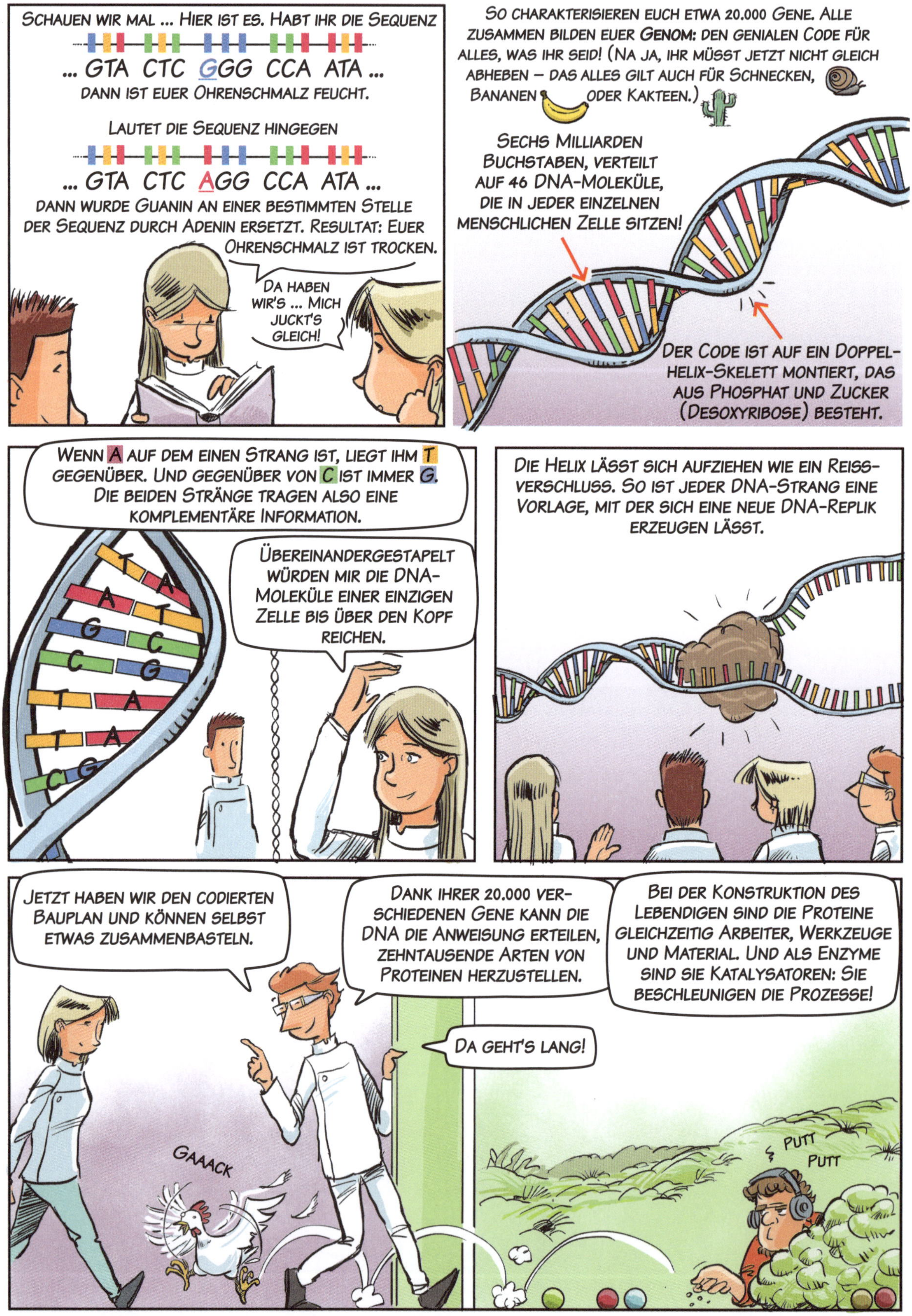
SCHAUEN WIR MAL ... HIER IST ES. HABT IHR DIE SEQUENZ
... GTA CTC GGG CCA ATA ...
DANN IST EUER OHRENSCHMALZ FEUCHT.
LAUTET DIE SEQUENZ HINGEGEN
... GTA CTC AGG CCA ATA ...
DANN WURDE GUANIN AN EINER BESTIMMTEN STELLE DER SEQUENZ DURCH ADENIN ERSETZT. RESULTAT: EUER OHRENSCHMALZ IST TROCKEN.
DA HABEN WIR'S ... MICH JUCKT'S GLEICH!
SO CHARAKTERISIEREN EUCH ETWA 20.000 GENE. ALLE ZUSAMMEN BILDEN EUER GENOM: DEN GENIALEN CODE FÜR ALLES, WAS IHR SEID! (NA JA, IHR MÜSST JETZT NICHT GLEICH ABHEBEN – DAS ALLES GILT AUCH FÜR SCHNECKEN, BANANEN ODER KAKTEEN.)
SECHS MILLIARDEN BUCHSTABEN, VERTEILT AUF 46 DNA-MOLEKÜLE, DIE IN JEDER EINZELNEN MENSCHLICHEN ZELLE SITZEN!
DER CODE IST AUF EIN DOPPEL-HELIX-SKELETT MONTIERT, DAS AUS PHOSPHAT UND ZUCKER (DESOXYRIBOSE) BESTEHT.
WENN A AUF DEM EINEN STRANG IST, LIEGT IHM T GEGENÜBER. UND GEGENÜBER VON C IST IMMER G. DIE BEIDEN STRÄNGE TRAGEN ALSO EINE KOMPLEMENTÄRE INFORMATION.
ÜBEREINANDERGESTAPELT WÜRDEN MIR DIE DNA-MOLEKÜLE EINER EINZIGEN ZELLE BIS ÜBER DEN KOPF REICHEN.
DIE HELIX LÄSST SICH AUFZIEHEN WIE EIN REISSVERSCHLUSS. SO IST JEDER DNA-STRANG EINE VORLAGE, MIT DER SICH EINE NEUE DNA-REPLIK ERZEUGEN LÄSST.
JETZT HABEN WIR DEN CODIERTEN BAUPLAN UND KÖNNEN SELBST ETWAS ZUSAMMENBASTELN.
DANK IHRER 20.000 VERSCHIEDENEN GENE KANN DIE DNA DIE ANWEISUNG ERTEILEN, ZEHNTAUSENDE ARTEN VON PROTEINEN HERZUSTELLEN.
BEI DER KONSTRUKTION DES LEBENDIGEN SIND DIE PROTEINE GLEICHZEITIG ARBEITER, WERKZEUGE UND MATERIAL. UND ALS ENZYME SIND SIE KATALYSATOREN: SIE BESCHLEUNIGEN DIE PROZESSE!
DA GEHT'S LANG!
GAAACK
PUTT
PUTT

DIESE PROTEINE MACHEN ALSO ... PRAKTISCH ALLES?
SO IST ES! BEI FAST JEDEM VORGANG IN EUREM KÖRPER SPIELT EIN PROTEIN EINE WICHTIGE ROLLE! PROTEINE SIND WIRKLICH ÜBERALL!
JETZT SIND WIR AUS DEM ZELLKERN HERAUSGETRETEN UND BEFINDEN UNS IM CYTOPLASMA, DER PRODUKTIONSHALLE DIESER BERÜHMTEN PROTEINE.
?
GACK!
PROTEINE SIND AUS 20 SORTEN VON AMINOSÄUREN ZUSAMMENGESETZT. HIER IST EINE DIESER SÄUREN – DAS GLUTAMIN.
DIE AMINOSÄUREN VERKNÜPFEN SICH MITEINANDER WIE EINE HALSKETTE. HOPP, SO ZUM BEISPIEL! MANCHMAL ZU HUNDERTEN.
DER GENETISCHE CODE GIBT VOR, IN WELCHER REIHENFOLGE DIE AMINOSÄUREN IN DER KETTE ANGEORDNET SIND.
CODE
G G C
A A C
DIE SO GEBILDETEN KETTEN FALTEN SICH DANN WIE EIN ORIGAMI, UM DEM PROTEIN DEN LETZTEN SCHLIFF ZU GEBEN. DIESE FALTUNG ERMÖGLICHT DIE KÜNFTIGE FUNKTION DES PROTEINS.
HOPP
KNICK
HOPP
KNICK KNICK
HOPP
UND DA GIBT ES EIN PROBLEM!
SKROTSCH!!
SORRY, HAB ICH NICHT GESEHEN ... BIN REINGETRETEN.
HAHA
NEIN, NEIN, DAS MEINE ICH NICHT ...
DAS PROBLEM IST FOLGENDES: DER DNA-CODE MIT SEINEN 4 BUCHSTABEN UND DIE 20 AMINOSÄUREN IN DEN KETTEN SPRECHEN NICHT DIESELBE SPRACHE!
A T C G

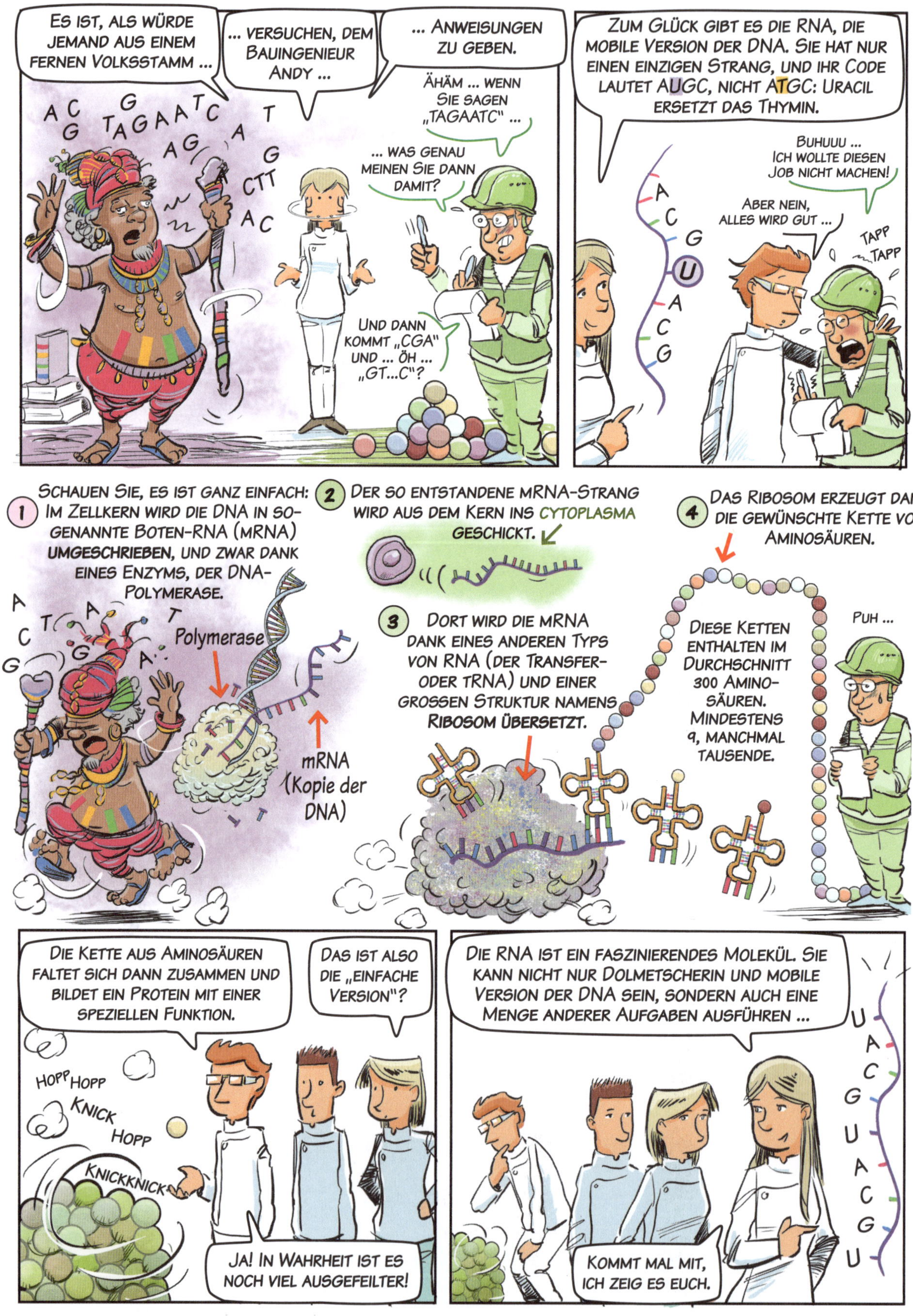

Es ist, als würde jemand aus einem fernen Volksstamm ...
... versuchen, dem Bauingenieur Andy ...
... Anweisungen zu geben.
A C G G TAGAATC A G AG T CTT AC
Ähäm ... wenn Sie sagen „TAGAATC" ...
... was genau meinen Sie dann damit?
Und dann kommt „CGA" und ... öh ... „GT...C"?
Zum Glück gibt es die RNA, die mobile Version der DNA. Sie hat nur einen einzigen Strang, und ihr Code lautet AUGC, nicht ATGC: Uracil ersetzt das Thymin.
A C G U A C G
Buhuuu ... Ich wollte diesen Job nicht machen!
Aber nein, alles wird gut ...
Tapp Tapp
1 Schauen Sie, es ist ganz einfach: Im Zellkern wird die DNA in sogenannte Boten-RNA (mRNA) umgeschrieben, und zwar dank eines Enzyms, der DNA-Polymerase.
A C T G A T G A
Polymerase
mRNA (Kopie der DNA)
2 Der so entstandene mRNA-Strang wird aus dem Kern ins Cytoplasma geschickt.
3 Dort wird die mRNA dank eines anderen Typs von RNA (der Transfer- oder tRNA) und einer grossen Struktur namens Ribosom übersetzt.
4 Das Ribosom erzeugt dann die gewünschte Kette von Aminosäuren.
Diese Ketten enthalten im Durchschnitt 300 Aminosäuren. Mindestens 9, manchmal tausende.
Puh ...
Die Kette aus Aminosäuren faltet sich dann zusammen und bildet ein Protein mit einer speziellen Funktion.
Das ist also die „einfache Version"?
Hopp Hopp Knick Hopp
Knickknick
Ja! In Wahrheit ist es noch viel ausgefeilter!
Die RNA ist ein faszinierendes Molekül. Sie kann nicht nur Dolmetscherin und mobile Version der DNA sein, sondern auch eine Menge anderer Aufgaben ausführen ...
U A C G U A C G U
Kommt mal mit, ich zeig es euch.

Die RNA ist auch in der Lage, ein Protein nachzuahmen, genauer gesagt, ein Enzym – ein Protein, das chemische Reaktionen beschleunigt.
Wie ein Protein kann sich also auch die RNA falten, um eine spezielle Funktion zu erlangen.
Hopp Hopp Knickknick
Hopp Knick Hopp!
Hopp! Knickknick
U A C
A C U G
Diese Super-RNA nennt sich **Ribozym** – eine Wortzusammenziehung aus „Ribonukleinsäure" und „Enzym".
Ah ja, wie „Breakfast" und „Lunch", die zu „Brunch" werden!
Pass doch mal auf, wo du hintrittst, Godzilla!
Skrotsch
Da seid ihr ja wieder!
Mit ihrer enormen Plastizität könnte die RNA der Schlüssel für das Geheimnis des Lebens sein.
Und wenn wir nun das RNA-Molekül in unseren Abio-Tisch integrieren?
Gacks!
Die RNA löst nämlich offenbar ein grosses Rätsel auf – ...
... das vom Ei ...
... und der Henne!
Gacks
Das Problem ist folgendes: Um Leben zu erzeugen, müssen DNA und Proteine zusammenwirken.
Aber um DNA herzustellen, braucht man Proteine. Und umgekehrt braucht man DNA, um Proteine zu erzeugen!
Die Frage lautet also: Wie zum Teufel konnte das eine ohne das andere auftreten?
Gaaack?!

* Außer der starken und der schwachen Wechselwirkung, die aber auf den Atomkern beschränkt sind.

* Siehe Seite 128.

** Siehe Seite 67 und Seite 70, zweites Kästchen.

* Denken Sie an die Gaswolke auf Seite 70.

** Entdeckt von Robert Brown und später von Albert Einstein erklärt.

AUF UNSERER MAKROSKOPISCHEN EBENE BEWEGEN SICH DIE DINGE NICHT VON SELBST. EIN MAISKORN WIRD GERDA NIEMALS VON ALLEIN IN DEN SCHNABEL SPRINGEN.
MAN BRAUCHT EINEN ZIELGERICHTETEN IMPULS.
POC
GACK!
QUIETSCH
ABER IN DER MIKROSKOPISCHEN WELT IST ALLES VON NATUR AUS STÄNDIG IN BEWEGUNG. DENKEN SIE NUR AN DIE „IRRFAHRT“ DER MOLEKÜLE. WÜRDEN SICH GERDA UND DAS MAISKORN AUF DIESER MIKROEBENE BEFINDEN ...
... KÖNNTE MAN WETTEN, DASS SIE IRGENDWANN EINFACH DURCH IHRE ZUFALLSBEWEGUNGEN INTERAGIEREN: GERDA KÖNNTE DEN MAIS VERSCHLINGEN, OHNE ETWAS DAFÜR GETAN ZU HABEN!
SCHLUCK
DIE NATUR, DIE SPARSAM MIT ENERGIE UMGEHT, HAT SICH DIESEN VORHERSEHBAREN ZUFALL ZUNUTZE GEMACHT.
WIR KÖNNTEN ANNEHMEN, DASS DER GENETISCHE CODE DER ZELLEN JEDEN BIOLOGISCHEN PROZESS PENIBEL STEUERT ...
... DOCH DAS GEGENTEIL IST DER FALL! UNSER KÖRPER NUTZT DEN ZUFALL DER BROWNSCHEN BEWEGUNG. WO IMMER MÖGLICH, IST LAISSER-FAIRE ANGESAGT!
WO SIND WIR?
KEINE AHNUNG
UND WO GEHT'S HIN?
PFF, WEISS ICH NICHT
BLUBB
KEIN STRESS
OH MANN
BLUBB
WAS IST ZUM BEISPIEL DER BAUPLAN DER ZELLMEMBRAN AUS FETTEN? GANZ EINFACH: ES GIBT KEINEN.
FETTE
JEDES FETTMOLEKÜL HAT EINEN HYDROPHILEN „KOPF“, ABER HYDROPHOBE „FÜSSE“, DIE WASSER NICHT MÖGEN.
IN EINER FLÜSSIGKEIT MÜSSEN SICH FETTE ALSO MIT EINEM WIDERSPRUCH HERUMSCHLAGEN, DER IN IHRER NATUR LIEGT.
DIE LÖSUNG? DIE MOLEKÜLE FÜGEN SICH SELBST „FUSS AN FUSS“ ZUSAMMEN.

* Wir begegnen ihnen auf Seite 154 wieder.

SCHAUT MAL!
ICH VERTEILE JETZT AMINOSÄUREN.
MANCHE AMINOSÄUREN SIND NEGATIV GELADEN.
ANDERE POSITIV ODER NEUTRAL.
DIE EINEN SIND HYDROPHIL.
DIE ANDEREN HYDROPHOB UND FETTIG.
#*%& NA KLAR, WER MUSS DIE WIEDER HALTEN ...
STELLEN WIR UNS EINE SEHR EINFACHE SEQUENZ VOR, IN DER ERST POSITIVE, DANN NEUTRALE UND SCHLIESSLICH NEGATIVE AMINOSÄUREN SITZEN.
DIE GEGENSÄTZLICHEN LADUNGEN ZIEHEN SICH AN UND BRINGEN DIE BEIDEN ENDEN ZUEINANDER.
ODER HIER, EINE SEQUENZ AUS HYDROPHILEN UND HYDROPHOBEN AMINOSÄUREN ...
DIE KÖNNTE SICH SO FALTEN.
MAN KANN SICH AUCH EINE FALTUNG VORSTELLEN, BEI DER NOCH MEHR AMINOSÄUREN MIT VERSCHIEDENEN EIGENSCHAFTEN IM SPIEL SIND.
MIT DERSELBEN KETTE WÄRE AUCH FOLGENDE FALTUNG MÖGLICH:
EINE EINZIGE KETTE ZÄHLT NÄMLICH OFT HUNDERTE AMINOSÄUREN, UND BEI DER FALTUNG SIND UNMENGEN VON ANORDNUNGEN MÖGLICH.
DENNOCH FALTEN SICH DIE PROTEINE JE NACH IHREM TYP IMMER WIEDER AUF EIN UND DIESELBE WEISE (VON SELTENEN AUSNAHMEN ABGESEHEN).
UNSERE ZELLEN HABEN 20.000 SORTEN VON PROTEINEN. ABER IN DER NATUR GIBT ES MILLIONEN! UND IHRE FALTUNG ERZEUGT DIE FUNKTION.
?
ES WÄRE ALSO ECHT NÜTZLICH, DIE FORM EINES JEDEN PROTEINS ZU KENNEN – ETWA UM ANTIBIOTIKA-RESISTENZEN ZU BEKÄMPFEN ...

... UND NEUE MEDIKAMENTÖSE BEHANDLUNGEN ZU ENTWICKELN.
SCHON WIEDER?!
WUMM!
EXTRA MEDI-PACK
ABER ... WENN WIR DIE EIGENSCHAFTEN DER AMINOSÄUREN KENNEN, KÖNNEN WIR SIE DOCH DURCH EINEN COMPUTER SCHICKEN, UM DIE IDEALE FALTUNG DER MOLEKÜLKETTE EINES BESTIMMTEN PROTEINS ZU ERRECHNEN.
OK!
HOPP!
KNICK KNICK
GUT AUFGEPASST! JA, IN DER THEORIE IST DAS EINFACH.
AH, ICH AHNE SCHON DAS GROSSE „ABER".
IN DER PRAXIS IST DIESER PROZESS SELTSAMERWEISE LANGWIERIG. WENN AUCH DIE KÜNSTLICHE INTELLIGENZ GROSSE FORTSCHRITTE ERMÖGLICHT, BLEIBT DAS INNERSTE WESEN DER PROTEINE DENNOCH GEHEIMNISVOLL.
?!
??
?
DIE NATUR IST ÜBRIGENS VOLL VON PROZESSEN, DIE SCHEINBAR LEICHT ZU ENTSCHLÜSSELN UND ZU REPRODUZIEREN SIND ...
... ABER SICH AM ENDE VOR ALLEM ALS LEKTION IN BESCHEIDENHEIT ERWEISEN.
NEHMEN WIR DAS MENSCHLICHE GENOM. ES WURDE SCHON ENTSCHLÜSSELT: WIR KENNEN DIE SEQUENZ VON SECHS MILLIARDEN BUCHSTABEN, DIE UNSEREN DNA-CODE BILDEN!
DEN INHALT EINES JEDEN „BUCHES".
BUCHSTABE FÜR BUCHSTABE!
TAPP
TAPP
ABER DIESES GENOM ZU LESEN, IST EINE ANDERE GESCHICHTE! WIR SCHAFFEN ES NICHT, ALLEIN AUS DER ABFOLGE DER A, C, G UND T ABZULEITEN, DASS „WIR EIN TIER MIT ZWEI ARMEN, ZWEI BEINEN UND HAAREN SIND UND DASS WIR LUFT ATMEN" (R. PARTHASARATHY).
VIELLEICHT STEHT DAS HIER: „GAATCG-GAACTAGACCTAG-GAG"?
ODER HIER: „TAGCATCG-GAACTAGAC-CTAG"?
NICHT GANZ KLAR, ODER? SAG ICH DOCH SCHON LANGE!
WENN WIR DEN ORGANISMUS, AUS DEM UNSER EIGENES DNA-GENOM EXTRAHIERT WURDE, NICHT KENNEN WÜRDEN, MÜSSTEN WIR ES MIT ANDEREN BEKANNTEN GENOMEN VERGLEICHEN. UND ALLES, WAS WIR DARAUS FOLGERN KÖNNTEN, IST ... DASS ES SICH UM DAS GENOM EINES PRIMATEN HANDELT.
?
JO BRO

GENAUSO IST ES MIT DER RNA. MAN HAT SCHON ALLE ERDENKLICHEN EXPERIMENTE VERSUCHT, UM EIN RNA-MOLEKÜL UNTER DEN URSPRÜNGLICHEN BEDINGUNGEN ZUSAMMENZUSETZEN.
U A C G U A C G U
RNA
UMSONST!
UND NOCH IMMER WISSEN WIR NICHT, WIE EIN HAUFEN MOLEKÜLE ES GESCHAFFT HAT, EIN SICH SELBST REPLIZIERENDES SYSTEM ZU BILDEN.
NICHT EINMAL, WIE NUR 20.000 GENE UND IHRE HILFSMITTEL, DIE PROTEINE, ES HINKRIEGEN, DIE UNGLAUBLICHE BANDBREITE AN AUFGABEN ZU BEWÄLTIGEN, DIE WIR TAGTÄGLICH MEISTERN.
HOPP
HOPP
HOPP
HOPP
WIR KÖNNEN DIE BIOCHEMISCHEN ELEMENTE MISCHEN, SIE ERHITZEN UND BESTRAHLEN ...
... UM MIT MÜHE UND NOT EIN, ZWEI CHEMISCHE REAKTIONEN HINZUKRIEGEN.
FRANKENHILBERT, UNSER SCHWIEGERSOHN!
PFFFT
UND EINE EINZIGE ZELLE DES UNSCHEINBARSTEN ALLER ORGANISMEN BRINGT TAUSENDE SOLCHER REAKTIONEN HERVOR ...
... PRO SEKUNDE!
OHNE MÜHE!
POFF!
PAFF!
PIFF
PUFF
DAS IST ÄRGERLICH!
WIR KÖNNEN CHEMISCHE SYSTEME SCHAFFEN, DIE VAGE AN ALLEREINFACHSTE LEBENSFORMEN ERINNERN. ABER ES GIBT ZWISCHENSTUFEN, VON DENEN WIR KEINEN BLASSEN SCHIMMER HABEN!
PRIMITIVE BIOMASSE HAT WAHRSCHEINLICH VERSCHIEDENE URSPRÜNGE: ATMOSPHÄRE, TONERDEN, HYDROTHERMALE ODER EXTRATERRESTRISCHE QUELLEN. DAS LEBEN HAT SICH VON ANFANG AN IN ZAHLREICHEN FORMEN ENTWICKELT. OFFENBAR NUTZTE ES JEDE KLEINE GELEGENHEIT, UM ZU ERSCHEINEN.
WUMMS
HOPS
PIFF
PIFF
PAFF
HOPS
PAFF
HOPS
POFF
PIF
PFFF
PAFF

ÜBRIGENS SIND RNA UND DANN AUCH DNA VIELLEICHT NUR EINE OPPORTUNISTISCHE WAHL GEWESEN.
DAS HEISST?
WIR STAMMEN ALLE VOM SELBEN ORGANISMUS MIT DNA AB – VON LUCA –, ABER DAS MUSS NICHT BEDEUTEN, DASS ES NUR SO MÖGLICH IST.
HI!
FÜR SEIN REZEPT HAT DAS LEBEN DIE ZUTATEN GENOMMEN, DIE GERADE DA WAREN. EIN BISSCHEN WIE IN EINEM SUPERMARKT!
KOMMT MAL MIT!
LIFE SHOP
abiogenesis
DAS IST DER SUPERMARKT DES LEBENS.
STICKSTOFF-BASEN
AUS-VERKAUF
ZUCKER UND PHOSPHATE
%
IDEAL FÜR IHRE PROTEINE!*
*AM BESTEN AUF DNA-BASIS
AH JA! HIER IM REGAL SEHE ICH UNSERE 20 SORTEN VON AMINOSÄUREN!
EIGENTLICH GIBT ES AUF DER ERDE 500 AMINOSÄURE-TYPEN, DIE AUCH ALLE DIESEN JOB MACHEN KÖNNTEN!
ICH MEINE DIE HERSTELLUNG VON PROTEINEN.
LUST AUF ABWECHSLUNG? TESTEN SIE UNSERE NEUARTIGEN AMINOSÄUREN!
UND DA SIND UNSERE 4 DNA-BUCHSTABEN! ADENIN, THYMIN, CYTOSIN UND ... ÄH ...
... GUANIN! JA, DAS SIND DIE STICKSTOFFBASEN, DIE ALLES, WAS WIR SIND, CODIEREN.
?
A
T
C
G
ANGEBOT

ABER VON SOLCHEN STICKSTOFFBASEN FINDEN WIR IN DER NATUR NOCH HUNDERT ANDERE!
AUCH SIE HÄTTEN ALS BUCHSTABEN ZU UNSERER CODIERUNG DIENEN KÖNNEN.
AS
Q
W
H
P
S
K
DV
Y
Z
SR
J
RUMPEL PUMPEL
NEHMEN WIR MAL EIN PAAR VON DIESEN ANDEREN BASEN.
UND WAS MACHEN WIR DANN DAMIT?
STATT „ATGC" EINEN DNA-CODE IN DER ART VON „PLOUTCHBRMLGLAFLU"??
KLONG
KRTSCH
JA, IRGENDWIE SO WAS! WIR WISSEN, DASS SICH DAS LEBEN MIT ANDEREN ELEMENTEN NEU ERFINDEN KANN ...
... ETWA MIT DENEN HIER!
UND WOHER WEISS MAN, DASS DAS MÖGLICH IST?
XENOBIOLOGIE!
SYNTHETISCHE BIOLOGIE, DIE IM LABOR VERÄNDERTE LEBENSFORMEN ERZEUGT. SIE WANDELT ZUM BEISPIEL BAKTERIEN UM, INDEM SIE IHNEN DIE KLEINSTMÖGLICHEN GENOME ODER ANDERE GENETISCHE GRUNDLAGEN MITGIBT.
ACH, ECHT?!
KEINE BANGE! DIESE BAKTERIEN SIND HARMLOS, UND OHNEHIN KÖNNTEN SIE AUSSERHALB DES LABORS NICHT ÜBERLEBEN.
DIE XENOBIOLOGIE KANN AUCH DAS DNA-SKELETT VERÄNDERN – DIE BEIDEN SPIRALSTRÄNGE, DIE DEN CODE TRAGEN.
EIN BISSCHEN SO, ALS WÜRDE MAN EIN REGAL AUS METALL GEGEN EINS AUS BAMBUS AUSTAUSCHEN.
A T
G C
DAS „BAMBUSREGAL" WÄREN IN UNSEREM FALL PEPTIDE. SIE ERSETZEN DAS HERKÖMMLICHE DNA-SKELETT AUS ZUCKERN UND PHOSPHATEN.
UND DAS FUNKTIONIERT!

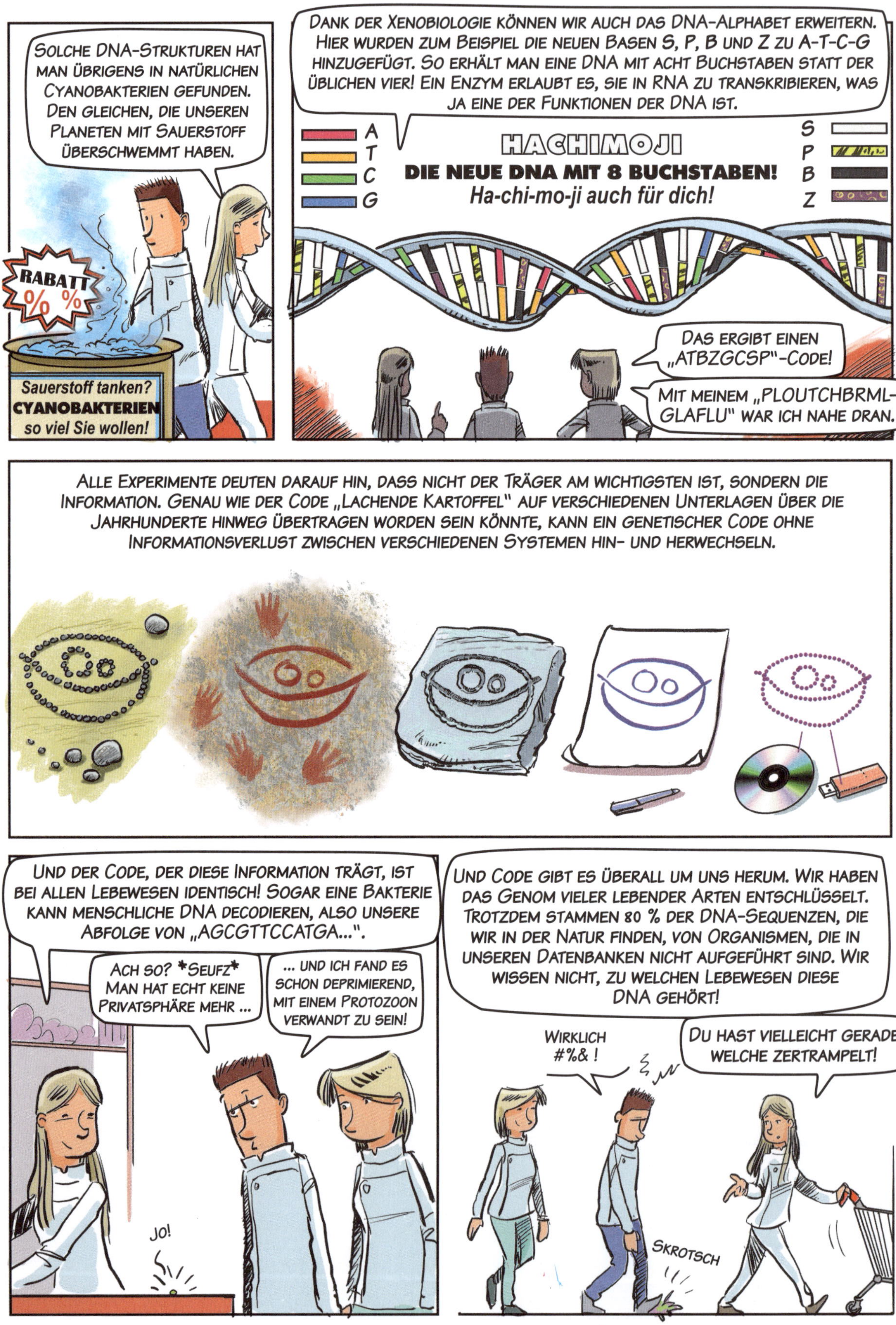
SOLCHE DNA-STRUKTUREN HAT MAN ÜBRIGENS IN NATÜRLICHEN CYANOBAKTERIEN GEFUNDEN. DEN GLEICHEN, DIE UNSEREN PLANETEN MIT SAUERSTOFF ÜBERSCHWEMMT HABEN.
RABATT % %
Sauerstoff tanken? CYANOBAKTERIEN so viel Sie wollen!
DANK DER XENOBIOLOGIE KÖNNEN WIR AUCH DAS DNA-ALPHABET ERWEITERN. HIER WURDEN ZUM BEISPIEL DIE NEUEN BASEN S, P, B UND Z ZU A-T-C-G HINZUGEFÜGT. SO ERHÄLT MAN EINE DNA MIT ACHT BUCHSTABEN STATT DER ÜBLICHEN VIER! EIN ENZYM ERLAUBT ES, SIE IN RNA ZU TRANSKRIBIEREN, WAS JA EINE DER FUNKTIONEN DER DNA IST.
A
T
C
G
HACHIMOJI
DIE NEUE DNA MIT 8 BUCHSTABEN!
Ha-chi-mo-ji auch für dich!
S
P
B
Z
DAS ERGIBT EINEN „ATBZGCSP"-CODE!
MIT MEINEM „PLOUTCHBRML-GLAFLU" WAR ICH NAHE DRAN.
ALLE EXPERIMENTE DEUTEN DARAUF HIN, DASS NICHT DER TRÄGER AM WICHTIGSTEN IST, SONDERN DIE INFORMATION. GENAU WIE DER CODE „LACHENDE KARTOFFEL" AUF VERSCHIEDENEN UNTERLAGEN ÜBER DIE JAHRHUNDERTE HINWEG ÜBERTRAGEN WORDEN SEIN KÖNNTE, KANN EIN GENETISCHER CODE OHNE INFORMATIONSVERLUST ZWISCHEN VERSCHIEDENEN SYSTEMEN HIN- UND HERWECHSELN.
UND DER CODE, DER DIESE INFORMATION TRÄGT, IST BEI ALLEN LEBEWESEN IDENTISCH! SOGAR EINE BAKTERIE KANN MENSCHLICHE DNA DECODIEREN, ALSO UNSERE ABFOLGE VON „AGCGTTCCATGA...".
ACH SO? *SEUFZ* MAN HAT ECHT KEINE PRIVATSPHÄRE MEHR ...
... UND ICH FAND ES SCHON DEPRIMIEREND, MIT EINEM PROTOZOON VERWANDT ZU SEIN!
JO!
UND CODE GIBT ES ÜBERALL UM UNS HERUM. WIR HABEN DAS GENOM VIELER LEBENDER ARTEN ENTSCHLÜSSELT. TROTZDEM STAMMEN 80 % DER DNA-SEQUENZEN, DIE WIR IN DER NATUR FINDEN, VON ORGANISMEN, DIE IN UNSEREN DATENBANKEN NICHT AUFGEFÜHRT SIND. WIR WISSEN NICHT, ZU WELCHEN LEBEWESEN DIESE DNA GEHÖRT!
WIRKLICH #%& !
DU HAST VIELLEICHT GERADE WELCHE ZERTRAMPELT!
SKROTSCH

WIR KENNEN ALSO NUR 20 % ALLER LEBENDEN ARTEN. UND DIESE WIEDERUM REPRÄSENTIEREN NUR EIN TAUSENDSTEL DER ORGANISMEN, DIE SCHON AUF DER ERDE GELEBT HABEN.
LAGER DER VERSCHWUNDENEN ARTEN
ABER SIE SIND DA! BRAVO!
AH, ICH HATTE DIE ZUSCHAUER GANZ VERGESSEN.
SIE, DIE KOSMISCHEN UND GEOLOGISCHEN ÜBERLEBENDEN! SIE, DAS STATISTISCHE RÄTSEL! AUSSERDEM HABEN ES IHRE ZELLEN NOCH GESCHAFFT, SICH ZU REPLIZIEREN – DIE INFORMATION WEITERZUTRAGEN, UM DAS HEUTIGE „SIE" ZU FORMEN!
FIESTA!
TRÖT
DIE REPLIKATION WAR EINER DER BEIDEN SCHLÜSSEL DES LEBENS, DER ES ERMÖGLICHTE, DASS SIE HEUTE HIER SIND!
...
TRÖT
UND DER ANDERE SCHLÜSSEL IST WAS?!

Kapitel 7

DIE UNBERECHENBARE EVOLUTION

„Wir sind Überlebensmaschinen – Roboter, blind, programmiert zur Erhaltung der selbstsüchtigen Moleküle, die Gene genannt werden.“

Richard Dawkins, *Das egoistische Gen*

FÜR JEDES DER 5 WAHRGENOMMENEN FELDER GIBT ES ALSO 3 MÖGLICHE ZUSTÄNDE (MJAM, LEER ODER MAUER). ES SIND VERSCHIEDENE **SITUATIONEN**, MIT DENEN ROB KONFRONTIERT WERDEN KANN. GUT, ABER WIE VIELE SITUATIONEN GIBT ES INSGESAMT? GANZ EINFACH: 3 ZUSTÄNDE FÜR JEDES DER 5 FELDER = 3 X 3 X 3 X 3 X 3 = 243.

DAMIT GIBT ES 243 MÖGLICHE SITUATIONEN, ZUM BEISPIEL:

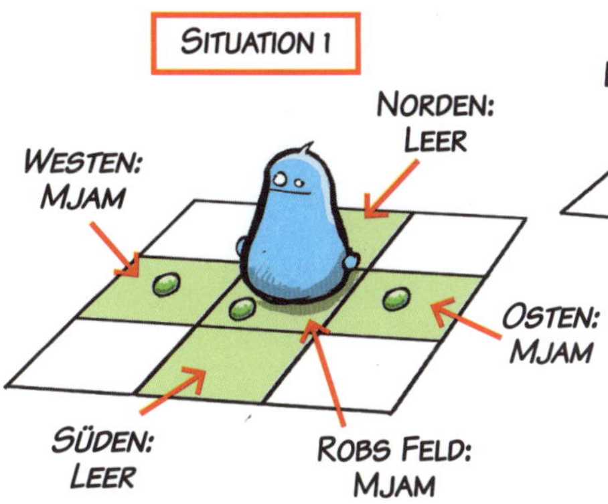

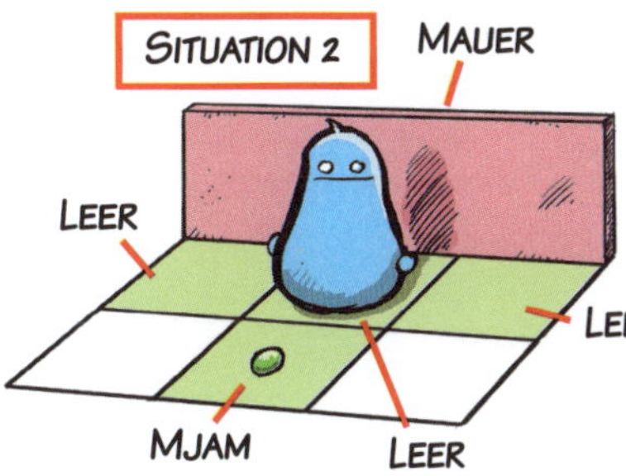

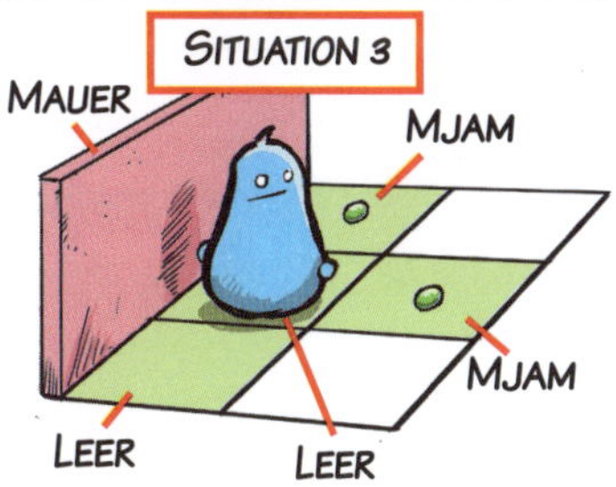

In allen 243 möglichen Situationen kann Rob immer nur eine **Aktion** ausführen: Zum Feld Nord, Süd, Ost oder West gehen; gar nichts tun; auf dem Feld, wo er ist, ein Mjam aufsammeln – oder einfach losmarschieren (also nach dem Zufallsprinzip die N-, S-, O- oder W-Richtung einschlagen).
Insgesamt kann Rob also sieben Aktionen ausführen. Hier etwa, in Situation 3, bewegt er sich gen Osten.
Situation 3
Also echt mal – Burnout riskiert der nicht!
Hihi! Ausserdem kann er Punkte gewinnen! Zehn Punkte, wenn er ein Mjam abräumt.
10 Punkte! So ein Glückspilz!
+ 10 Punkte
Mjam
Aber Achtung, es gibt auch Strafpunkte: minus 1 Punkt, wenn er versucht, auf einem leeren Feld ein Mjam aufzusammeln.
– 1 Punkt
?!?
– 5 Punkte
Und minus 5 Punkte, wenn er gegen eine Mauer stösst.
Bratz!
Die Frage ist, welche Strategie man anwenden soll, damit Rob möglichst viele Punkte bekommt. Wir könnten die 7 möglichen Aktionen für jede der 243 denkbaren Situationen Revue passieren lassen.
Erinnert ihr euch? Dieses Vorgehen, bei dem man alle existierenden Anordnungen durchtestet, nennt man ergodisch.
Es liefe darauf hinaus, 7 hoch 243 Optionen zu testen: 7^{243}.
Bratz!
Ah ja, da kommen wir auf ... äh ... auf ungefähr ...
Auf viel zu viel! 7^{243} ist viel grösser als 10^{150}, unsere praktisch schon unendliche Zahl!
Vergessen wir's also! Es sei denn, ihr beide habt die nächsten paar Milliarden Jahre nichts weiter zu tun ...
Pass auf die Mauer auf, Rob!
Mein Gott, ich hab es dir schon 54 Millionen Mal gesagt!
Bratz!
Legen wir lieber eine einfache Strategie fest. Mit dieser kleinen Fernbedienung werde ich bei Rob ein paar Basisanweisungen implementieren.
Hopp
Zuerst: „Rob, wenn auf deinem Feld ein Mjam ist, dann sammle es auf."
Summmm
OK
Tipp
Tipp
Tipp

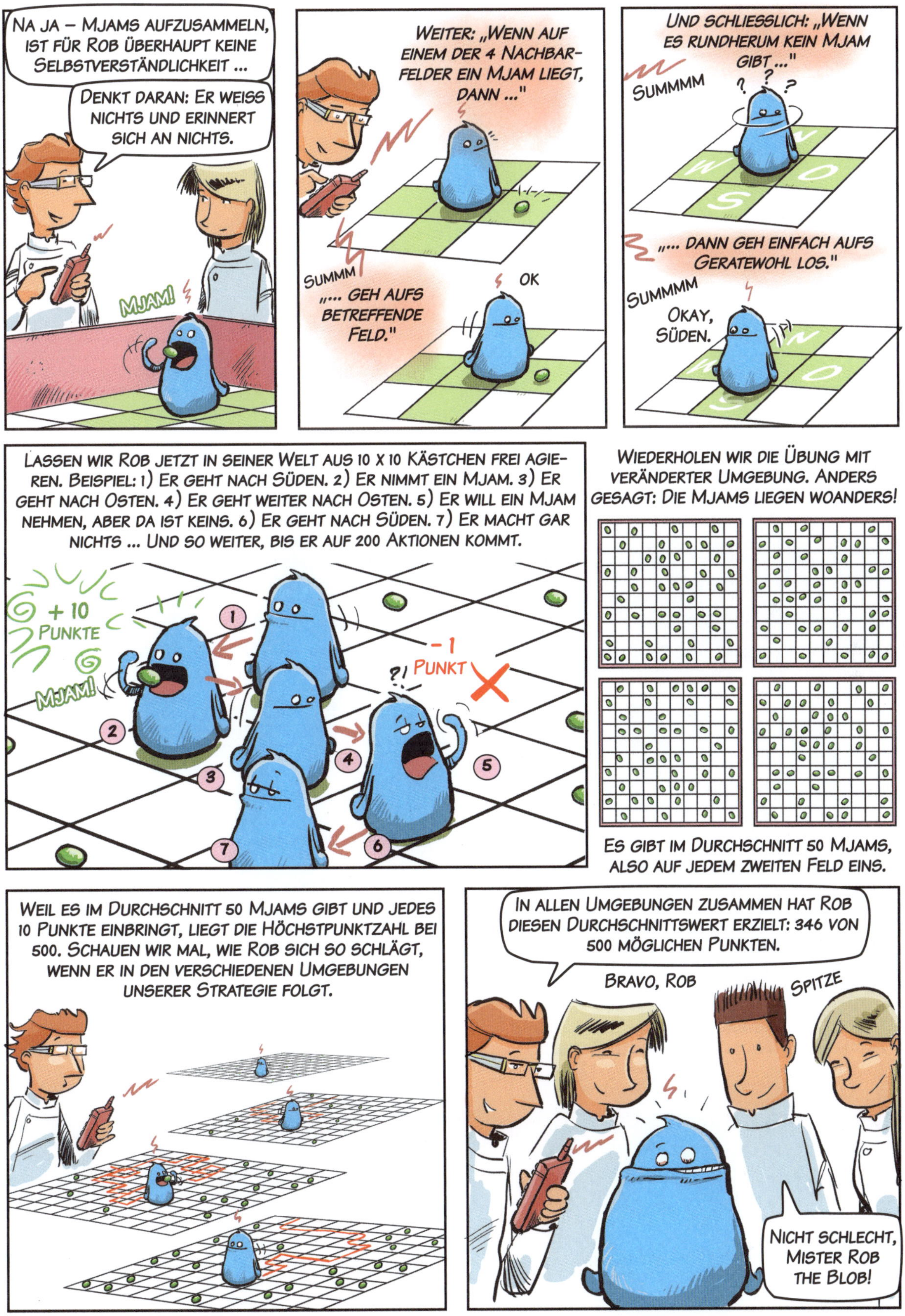
NA JA – MJAMS AUFZUSAMMELN, IST FÜR ROB ÜBERHAUPT KEINE SELBSTVERSTÄNDLICHKEIT ...
DENKT DARAN: ER WEISS NICHTS UND ERINNERT SICH AN NICHTS.
MJAM!
WEITER: „WENN AUF EINEM DER 4 NACHBARFELDER EIN MJAM LIEGT, DANN ..."
SUMMM
„... GEH AUFS BETREFFENDE FELD."
OK
UND SCHLIESSLICH: „WENN ES RUNDHERUM KEIN MJAM GIBT ..."
SUMMMM
„... DANN GEH EINFACH AUFS GERATEWOHL LOS."
SUMMMM
OKAY, SÜDEN.
LASSEN WIR ROB JETZT IN SEINER WELT AUS 10 X 10 KÄSTCHEN FREI AGIEREN. BEISPIEL: 1) ER GEHT NACH SÜDEN. 2) ER NIMMT EIN MJAM. 3) ER GEHT NACH OSTEN. 4) ER GEHT WEITER NACH OSTEN. 5) ER WILL EIN MJAM NEHMEN, ABER DA IST KEINS. 6) ER GEHT NACH SÜDEN. 7) ER MACHT GAR NICHTS ... UND SO WEITER, BIS ER AUF 200 AKTIONEN KOMMT.
+ 10 PUNKTE
MJAM!
- 1 PUNKT
?!
WIEDERHOLEN WIR DIE ÜBUNG MIT VERÄNDERTER UMGEBUNG. ANDERS GESAGT: DIE MJAMS LIEGEN WOANDERS!
ES GIBT IM DURCHSCHNITT 50 MJAMS, ALSO AUF JEDEM ZWEITEN FELD EINS.
WEIL ES IM DURCHSCHNITT 50 MJAMS GIBT UND JEDES 10 PUNKTE EINBRINGT, LIEGT DIE HÖCHSTPUNKTZAHL BEI 500. SCHAUEN WIR MAL, WIE ROB SICH SO SCHLÄGT, WENN ER IN DEN VERSCHIEDENEN UMGEBUNGEN UNSERER STRATEGIE FOLGT.
IN ALLEN UMGEBUNGEN ZUSAMMEN HAT ROB DIESEN DURCHSCHNITTSWERT ERZIELT: 346 VON 500 MÖGLICHEN PUNKTEN.
BRAVO, ROB
SPITZE
NICHT SCHLECHT, MISTER ROB THE BLOB!

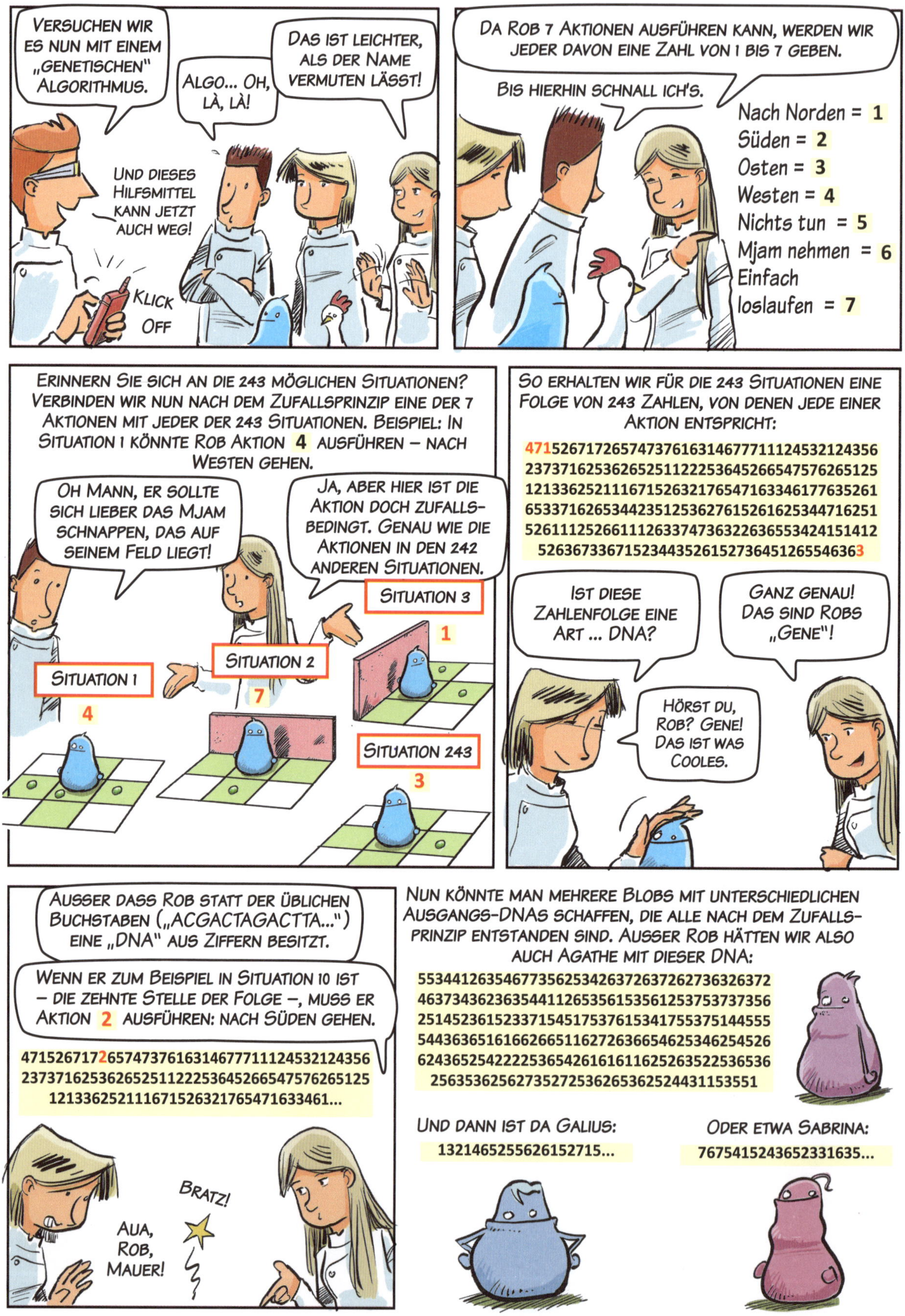
VERSUCHEN WIR ES NUN MIT EINEM „GENETISCHEN“ ALGORITHMUS.
ALGO... OH, LÀ, LÀ!
DAS IST LEICHTER, ALS DER NAME VERMUTEN LÄSST!
UND DIESES HILFSMITTEL KANN JETZT AUCH WEG!
KLICK
OFF
DA ROB 7 AKTIONEN AUSFÜHREN KANN, WERDEN WIR JEDER DAVON EINE ZAHL VON 1 BIS 7 GEBEN.
BIS HIERHIN SCHNALL ICH'S.
Nach Norden = 1
Süden = 2
Osten = 3
Westen = 4
Nichts tun = 5
Mjam nehmen = 6
Einfach loslaufen = 7
ERINNERN SIE SICH AN DIE 243 MÖGLICHEN SITUATIONEN? VERBINDEN WIR NUN NACH DEM ZUFALLSPRINZIP EINE DER 7 AKTIONEN MIT JEDER DER 243 SITUATIONEN. BEISPIEL: IN SITUATION 1 KÖNNTE ROB AKTION 4 AUSFÜHREN – NACH WESTEN GEHEN.
OH MANN, ER SOLLTE SICH LIEBER DAS MJAM SCHNAPPEN, DAS AUF SEINEM FELD LIEGT!
JA, ABER HIER IST DIE AKTION DOCH ZUFALLSBEDINGT. GENAU WIE DIE AKTIONEN IN DEN 242 ANDEREN SITUATIONEN.
SITUATION 1
4
SITUATION 2
7
SITUATION 3
1
SITUATION 243
3
SO ERHALTEN WIR FÜR DIE 243 SITUATIONEN EINE FOLGE VON 243 ZAHLEN, VON DENEN JEDE EINER AKTION ENTSPRICHT:
47152671726574737616314677711124532124356
23737162536265251122253645266547576265125
12133625211167152632176547163346177635261
65337162653442351253627615261625344716251
52611125266111263374736322636553424151412
52636733671523443526152736451265546363
IST DIESE ZAHLENFOLGE EINE ART ... DNA?
GANZ GENAU! DAS SIND ROBS „GENE“!
HÖRST DU, ROB? GENE! DAS IST WAS COOLES.
AUSSER DASS ROB STATT DER ÜBLICHEN BUCHSTABEN („ACGACTAGACTTA...“) EINE „DNA“ AUS ZIFFERN BESITZT.
WENN ER ZUM BEISPIEL IN SITUATION 10 IST – DIE ZEHNTE STELLE DER FOLGE –, MUSS ER AKTION 2 AUSFÜHREN: NACH SÜDEN GEHEN.
47152671726574737616314677711124532124356
23737162536265251122253645266547576265125
121336252111671526321765471633461...
AUA, ROB, MAUER!
BRATZ!
NUN KÖNNTE MAN MEHRERE BLOBS MIT UNTERSCHIEDLICHEN AUSGANGS-DNAS SCHAFFEN, DIE ALLE NACH DEM ZUFALLSPRINZIP ENTSTANDEN SIND. AUSSER ROB HÄTTEN WIR ALSO AUCH AGATHE MIT DIESER DNA:
55344126354677356253426372637262736326372
46373436236354411265356153561253753737356
25145236152337154517537615341755375144555
54436365161662665116272636654625346254526
62436525422225365426161611625263522536536
25635362562735272536265362524431153551
UND DANN IST DA GALIUS:
1321465255626152715...
ODER ETWA SABRINA:
7675415243652331635...

DENKEN SIE DARAN, DASS DIESE NUMERISCHEN DNA-CODES 2331562521123... NACH DEM ZUFALLSPRINZIP ERZEUGT WURDEN. ES IST DER GLEICHE PURE ZUFALL WIE BEI UNSEREM TIPPENDEN AFFEN. UND SO WERDEN JE NACH DEM DNA-CODE, DEN DIE BLOBS ZUGEWIESEN BEKAMEN, DIE RESULTATE SEHR UNTERSCHIEDLICH AUSFALLEN.

NUR KEIN ROMANTISCHER ÜBERSCHWANG! „REPRODUKTION" HEISST HIER EINFACH, DASS ZAHLENREIHEN VERMISCHT WERDEN. NEHMEN WIR DIE ERSTE HÄLFTE DES CODES VON PARTNER 1:

5534412635467735625342637263726273632637246373436
2363544112653561535612537537373562514523615233715
4517537615341755375144555544363651616626651162726
3665462534625452662436525422225365426161611625263
52253653625635362562735272536265362524431153551

... UND DIE ZWEITE HÄLFTE DES CODES VON PARTNER 2:

4715267172657473761631467771112453212435623737162
5362652511222536452665475762651251213362521116715
2632176547163346177635261653371626534423512536276
1526162534471625152611125266111263374736322636553
42415141252636733671523443526152736451265546363

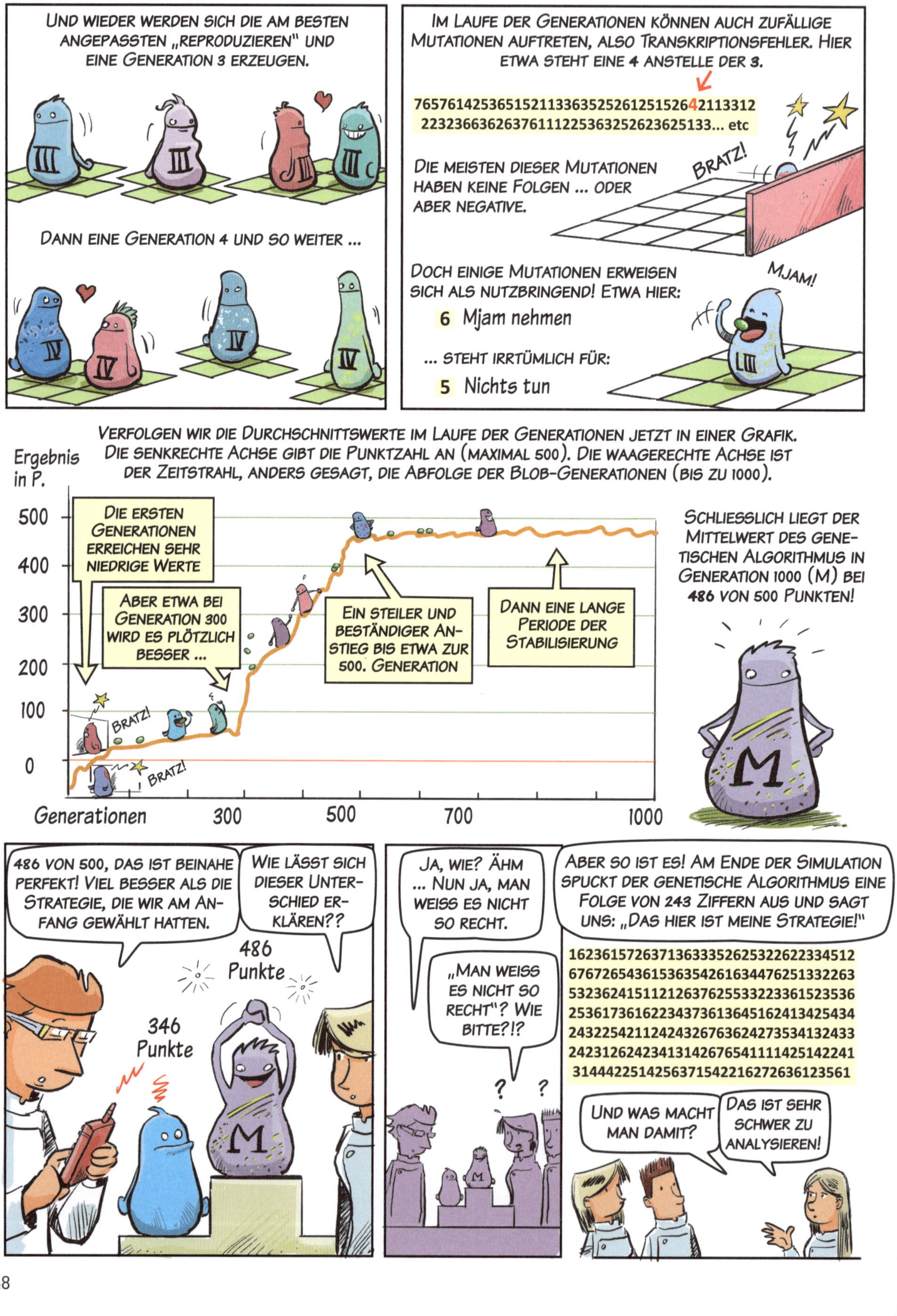
UND WIEDER WERDEN SICH DIE AM BESTEN ANGEPASSTEN „REPRODUZIEREN" UND EINE GENERATION 3 ERZEUGEN.
III
DANN EINE GENERATION 4 UND SO WEITER ...
IV
IM LAUFE DER GENERATIONEN KÖNNEN AUCH ZUFÄLLIGE MUTATIONEN AUFTRETEN, ALSO TRANSKRIPTIONSFEHLER. HIER ETWA STEHT EINE 4 ANSTELLE DER 3.
765761425365152113363525261251526421133 12
2232366362637611122536325262362 5133... etc
DIE MEISTEN DIESER MUTATIONEN HABEN KEINE FOLGEN ... ODER ABER NEGATIVE.
BRATZ!
DOCH EINIGE MUTATIONEN ERWEISEN SICH ALS NUTZBRINGEND! ETWA HIER:
6 Mjam nehmen
... STEHT IRRTÜMLICH FÜR:
5 Nichts tun
MJAM!
VERFOLGEN WIR DIE DURCHSCHNITTSWERTE IM LAUFE DER GENERATIONEN JETZT IN EINER GRAFIK. DIE SENKRECHTE ACHSE GIBT DIE PUNKTZAHL AN (MAXIMAL 500). DIE WAAGERECHTE ACHSE IST DER ZEITSTRAHL, ANDERS GESAGT, DIE ABFOLGE DER BLOB-GENERATIONEN (BIS ZU 1000).
Ergebnis in P.
500
400
300
200
100
0
Generationen
300
500
700
1000
DIE ERSTEN GENERATIONEN ERREICHEN SEHR NIEDRIGE WERTE
ABER ETWA BEI GENERATION 300 WIRD ES PLÖTZLICH BESSER ...
EIN STEILER UND BESTÄNDIGER ANSTIEG BIS ETWA ZUR 500. GENERATION
DANN EINE LANGE PERIODE DER STABILISIERUNG
BRATZ!
BRATZ!
SCHLIESSLICH LIEGT DER MITTELWERT DES GENETISCHEN ALGORITHMUS IN GENERATION 1000 (M) BEI 486 VON 500 PUNKTEN!
M
486 VON 500, DAS IST BEINAHE PERFEKT! VIEL BESSER ALS DIE STRATEGIE, DIE WIR AM ANFANG GEWÄHLT HATTEN.
WIE LÄSST SICH DIESER UNTERSCHIED ERKLÄREN??
486 Punkte
346 Punkte
JA, WIE? ÄHM ... NUN JA, MAN WEISS ES NICHT SO RECHT.
„MAN WEISS ES NICHT SO RECHT"? WIE BITTE?!?
? ?
ABER SO IST ES! AM ENDE DER SIMULATION SPUCKT DER GENETISCHE ALGORITHMUS EINE FOLGE VON 243 ZIFFERN AUS UND SAGT UNS: „DAS HIER IST MEINE STRATEGIE!"
162361572637136333526253226222334512
676726543615363542616344762513322 63
532362415112126376255332233615235 36
253617361622343736136451624134254 34
243225421124243267636242735341324 33
242312624234131426765411114251422 41
31444225142563715422162726361235 61
UND WAS MACHT MAN DAMIT?
DAS IST SEHR SCHWER ZU ANALYSIEREN!

DAS PROBLEM ÄHNELT DEM MIT DEM MENSCHLICHEN GENOM: ES IST DAS EINE, EINE DNA-SEQUENZ ZU KENNEN, ABER ZU WISSEN, WIE SIE FUNKTIONIERT, IST ETWAS GANZ ANDERES!
ALSO BLEIBST DU GEHEIMNISVOLL, KLEINER BLOB!
ABER NICHT 100 % GEHEIMNISVOLL! NEHMEN WIR DIE SITUATION HIER UNTEN UND BEOBACHTEN WIR ROB, DER UNSERE ANFANGSSTRATEGIE VERFOLGT.
1 ES GIBT EIN MJAM AUF SEINEM FELD. LAUT UNSERER STRATEGIE MUSS ER ES NEHMEN.
MJAM
2 JETZT BLEIBT EIN MJAM LINKS UND EINES RECHTS VON IHM. ER GEHT NACH RECHTS ...
3 ... UND NIMMT DAS MJAM VOM NEUEN FELD.
PROBLEM: DIE BEIDEN ANDEREN MJAMS SIND NUN AUSSER SICHTWEITE!
UND WEIL ROB KEIN GEDÄCHTNIS HAT, HAT ER ÜBER SIE KEINE INFORMATIONEN MEHR. DIESE BEIDEN MJAMS SIND ALSO VERLOREN.
BEOBACHTEN WIR NUN EINEN BLOB DER GENERATION 1000 IN DERSELBEN AUSGANGSLAGE.
1 SEIN TRICK: ER NIMMT DAS MJAM AUF SEINEM FELD NICHT, SONDERN GEHT DIREKT NACH RECHTS.
2 AUF DEM NEUEN FELD ANGEKOMMEN, NIMMT ER DAS DORTIGE MJAM.
3 UND DAS MJAM LINKS VON IHM IST ERREICHBAR. JETZT KANN ER ES AUFSAMMELN UND AUCH DIE BEIDEN ANDEREN. KEINES GEHT VERLOREN!
DAS IST EIN TYPISCHES CLEVERES VERHALTEN, WIE ES AUS EVOLUTIONÄREN ALGORITHMEN HERVORGEHT. WIE MELANIE MITCHELL ERKLÄRT, HÄTTE EINE VON ANFANG AN DEFINIERTE STRATEGIE DAS NICHT UNBEDINGT VORAUSGESEHEN.
DIE SIMULATION MIT DEN BLOBS GIBT UNS EINEN REALISTISCHEN EINBLICK IN DIE FUNKTIONSWEISE DER EVOLUTION: SIE SCHREITET DANK DER KUMULATIVEN NATÜRLICHEN AUSLESE STUFENWEISE VORAN. UNSERE SIMULATION ZEIGT AUCH, DASS DIE EVOLUTION UNVORHERSEHBAR BLEIBT. OFT IST ES UNMÖGLICH, SIE RÜCKBLICKEND ZU ANALYSIEREN.
SOGAR IN EINEM TOTAL VEREINFACHTEN BEISPIEL WIE DEM UNSEREN!
IN EINEM AUSGEFEILTEREN MODELL KÖNNTEN WIR UNS VERSCHIEDENE ARTEN VON NAHRUNG AUSDENKEN UND BLOBTYPEN, DIE SICH IN GRÖSSE, GESCHWINDIGKEIT, WAHRNEHMUNGSVERMÖGEN, SPEISEZETTEL ETC. UNTERSCHEIDEN.

DIE POPULATIONEN ENTWICKELN SICH, NICHT DIE INDIVIDUEN. DIE RESULTATE KÖNNEN UNS SELTSAM ODER KONTRAINTUITIV VORKOMMEN. ABER DIE EVOLUTION PFEIFT AUF UNSERE MEINUNGEN ODER VORHERSAGEN. EINE POPULATION PASST SICH EINFACH AN IHRE UMGEBUNG AN UND SCHLÄGT DABEI VIELFÄLTIGE UND UNBERECHENBARE WEGE EIN. WAS ÜBRIGENS KOOPERATION UND ALTRUISMUS ALS SELEKTIVE VORTEILE NICHT AUSSCHLIESST.

HAHAHA!
AH GUT, ICH WEISS JA NICHT, WAS DU BRAUCHST!
SIE TEILT NÄMLICH MEHR ALS DIE HÄLFTE IHRES GENETISCHEN CODES MIT UNS.
MEHR ALS DIE … ?!
DIESE MÜCKE DA?
NACH DER BAKTERIE, DIE UNSEREN DNA-CODE LESEN KANN, KOMMT JETZT AUCH NOCH TANTE MÜCKE ZUR WEIHNACHTSFEIER! MAN HAT ECHT KEINE PRIVATSPHÄRE MEHR!
HIHI, ICH FINDE, SIE PASST EIN BISSCHEN IN DIE FAMILIE!
DIE ERSTAUNLICHE EINHEIT DER GENCODE-LINIEN ALLER LEBEWESEN WURDE IN DEN LETZTEN JAHREN VON DER EVOLUTIONÄREN ENTWICKLUNGSBIOLOGIE („EVO-DEVO") ZUTAGE GEFÖRDERT.
UNSERE CODEZEILEN „ACGTTACGG…" SIND ZU 70 % DIE GLEICHEN WIE BEI GERDA.
UNSER DNA-CODE IST, WAS DIE GEMEINSAMEN GENE BETRIFFT, SOGAR ZU 60 % MIT DEM … EINER BANANE IDENTISCH.
ZU 98,6 % MIT EINEM SCHIMPANSEN.
ZU 85 % MIT EINER MAUS.
BOAH … WO WIR DOCH SO ENTWICKELT SIND.
ABER WIE KANN DIESE URSPRÜNGLICHE EINHEIT … EINE SOLCHE DIVERSITÄT ERZEUGEN?
500.000-EURO-FRAGE!
NUN JA, LANGE DACHTE MAN, DER ÜBERGANG VON EINER ART ZUR ANDEREN LAUFE ÜBER AUFEINANDERFOLGENDE MUTATIONEN – ANDERS GESAGT, ÜBER CODIERUNGSFEHLER. UM ZUM BEISPIEL VON DEN DINOSAURIERN ZU DEN VÖGELN ZU KOMMEN …
… SOLLTEN FEHLER BEI DER REPLIZIERUNG DES DNA-CODES DIE ZÄHNE UND DAS ZAHNFLEISCH DURCH EINEN SCHNABEL ERSETZT HABEN UND SO WEITER.
ABER DIESES SZENARIO DAUERT VIEL ZU LANGE. ES PASST NICHT ZUR ZEITLICHEN EINORDNUNG FOSSILER SPUREN.
ÄHM … ICH WEISS NICHT, OB DU DURCH DEN WANDEL WAS GEWONNEN HAST, GERDA …
MANCHMAL IST EVOLUTION ECHT FIES.
GACKS?

NEIN, DIVERSITÄT IST UNTER ANDEREM DER JOB DER **NICHTCODIERENDEN DNA.**
EINE DNA, DIE ... NICHT CODIERT?!
ERINNERT IHR EUCH? EINE FOLGE „ACG-TAATGC..." BILDET EIN GEN – EINEN CODE, DER UNS CHARAKTERISIERT. ZUM BEISPIEL UNSER OHRENSCHMALZ.
GTA CTC GGG CCA ATA
DANN MUSS MAN DIE BAUANWEISUNG FÜR DIESES SCHMALZ ERTEILEN! DAS NENNT MAN „GENEXPRESSION".
HMPF
GROB GESAGT: DIE **CODIERENDE DNA** ÜBERMITTELT IHREN CODE DANK DER RNA, UM DAS PROTEIN ZU BILDEN, DAS SICH KONKRET UM DIE HERSTELLUNG DIESES OHRENSCHMALZES KÜMMERN WIRD.
UND WEIL WIR ZUM GLÜCK NICHT BLOSS AUS OHRENSCHMALZ BESTEHEN, EXPRIMIERT DIE DNA NOCH 20.000 ANDERE GENE – IMMER ÜBER DIE FABRIKATION VON TAUSENDEN WEITEREN PROTEINEN, UM AM ENDE DAS ZU BILDEN, WAS WIR SIND.
AH, ER MACHT DAS ECHT GUT!
HM
JA, AUSSER DASS DIESE 20.000 GENE NUR RUND 2 % UNSERER GESAMTEN DNA-SEQUENZ DARSTELLEN. UND DER REST? ... MAN WEISS NICHT RECHT, WOZU DER GUT IST!
ALS WÜRDEN 98 % DES INHALTS UNSERER „CHROMOSOMENBÜCHER", ALSO DER GANZE ÜBRIGE DNA-CODE – UNSERE INFORMATION – ZU ... GAR NICHTS DIENEN.
DAS IST DIE NICHTCODIERENDE DNA, DIE MAN MANCHMAL AUCH JUNK DNA, ALSO „MÜLL-DNA", NENNT!
UND WIR HABEN NOCH EIN ANDERES PROBLEM! JEDER KERN IN JEDER ZELLE ENTHÄLT EXAKT DENSELBEN DNA-CODE!
AAGTCGACAAGA-TAGATCA... USW.

WIESO IST DAS EIN PROBLEM?
NA JA, UNSERE ZELLEN HABEN WEDER DIESELBE FORM NOCH DIESELBE FUNKTION. WIE KANN IHR CODE DANN IDENTISCH SEIN?
HAUT-ZELLE
KNOCHENZELLE
SCHLEIM-ZELLE
ROTE BLUTKÖRPERCHEN
NEURON
DIE GENE, DIE ZUM BEISPIEL DIE PROTEINE ZUR SCHLEIMERZEUGUNG CODIEREN, MÜSSEN IN DEN ÜBRIGEN ZELLTYPEN INAKTIV SEIN. SONST WÜRDE DER SCHLEIM ÜBERALL HALLIGALLI FEIERN!
SCHLEIMZEL... – AH, JA, NATÜRLICH!
GUTEN TAG. ICH HEISSE ZOÉ UND HABE EIN SCHLEIMPROBLEM.
WER IST DAS?
WEISS NICH. SEH NIX.
HALLO ZOÉ!
HINGEGEN MÜSSEN DIE GENE, WELCHE DIE PROTEINE ZUR ZUSAMMENSETZUNG VON HAUTZELLEN CODIEREN, IN DEN HAUTZELLEN UNBEDINGT AKTIVIERT SEIN, DAMIT DIESE UNDURCHLÄSSIG SIND.
ICH HABE AUCH EIN PROBLEM MIT DEM DICHTHALTEN ...
TROPF !
AH!
TROPF
TSS ... WIE ÄRGERLICH! DAFÜR MUSS ES DOCH AUCH EINEN GESPRÄCHSKREIS GEBEN ... WIR HIER SIND NUR DIE SCHLEIM-GRUPPE.
JO, DIE SCHLEIMER.
ALSO STEHEN WIR EINER BIZARREN SITUATION GEGENÜBER: EINER ZU 98 % UNNÜTZEN DNA, DEREN VERBLEIBENDE 2 % ANWEISUNGEN ENTHALTEN, DIE FÜR ALLE ZELLEN IDENTISCH SIND!
UND WAS IST DIE LÖSUNG?
GEN-REGULATION!
MAN KANN DIE GENE NÄMLICH REGULIEREN, EIN BISSCHEN WIE MIT EINEM SCHALTER, DEN MAN MAL AUF AN UND MAL AUF AUS STELLT.
KLICK AN
KLACK AUS
KLICK AN
UND WER BEDIENT DIESE „SCHALTER"?
EIN TEIL VON DEN 98 % NICHTCODIERENDE DNA!
KLICK
KLACK
KLICK
KLACK
KLICK

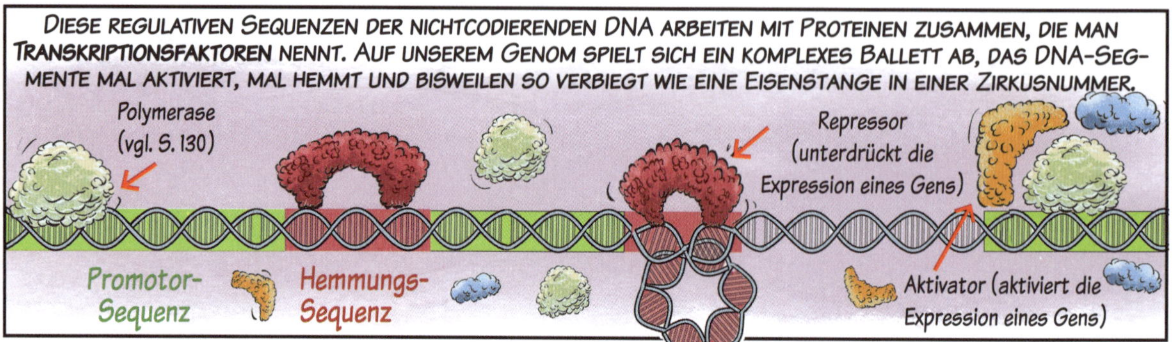

WIR KÖNNEN DAS ALS EINEN CODETEXT BETRACHTEN, DER ZUM TEIL DURCHGESTRICHEN, ANNOTIERT, MIT KORREKTURBAND BEHANDELT, UNTERSTRICHEN ODER MIT ANGEKLEBTEN ERGÄNZUNGEN VERSEHEN IST. DAS IST ES, WAS DIE TRANSKRIPTIONSFAKTOREN IM GRUNDE MACHEN.

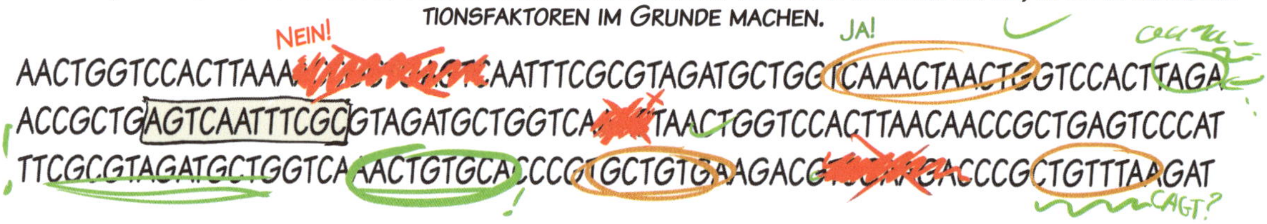

Die Hox-Gene und andere regulative Gene stehen ganz oben in der Befehlskette. Sie sind innerhalb einer Kategorie von Lebewesen einander tendenziell sehr ähnlich.
Kommt mal, ich zeig es euch.
VIERFÜSSIGE WIRBELTIERE: BASISPAKET
Die vierfüssigen Wirbeltiere brauchen beispielsweise vier Gliedmassen, zwei Augen, ein Herz, eine Wirbelsäule etc.
... und so sind die allgemeinen Instruktionen, um diese Teile herzustellen, die funktionalen Gene, bei all diesen Wirbeltieren identisch.
KLICK
KLICK
KLACK
KLICK
Deshalb haben wir 85 % unserer DNA mit den Mäusen gemeinsam.
Die Spezialisierung erfolgt ... ganz am Ende der Befehlskette! Entscheidend ist die Differenzierung der Anweisungen: Wird ein Gen aktiviert oder nicht?
KLACK
KLACK
KLICK
HOMO SAPIENS
HUHN
LEMUR
Ich fasse zusammen: Die Gene verfügen an der Basis über dieselbe Folge von A, T, G und C, egal um welche Art es sich handelt.
Nehmen wir noch mal das Beispiel mit den Augen.
PLOPP!
Es ist dieselbe Gengruppe, die an der Herstellung der wichtigsten Fotorezeptor-Zellen arbeitet – egal ob diese Zellen für eine Mücke, einen Waschbären, Gerda oder ... einen Menschen bestimmt sind.
ACGTAACCAATTATACC-TGATTAGGGTTCAAC... in identischer Reihenfolge.
Nicht nur, dass die Gene äquivalent sind – sie arbeiten von Art zu Art auch auf sehr ähnliche Weise.
Nein, Gerda, quengel nicht rum. Ich lade dich nicht zu Weihnachten ein.
Da kommt schon Tante Mücke.

DER AN/ AUS-SCHALTER MACHT DEN UNTERSCHIED.
HEISST DAS, DASS BESTIMMTE GENE EINFACH NUR AUF „PAUSE" SIND?
SO IST ES!
KLACK
KLICK
ZUM BEISPIEL EXISTIEREN DIE ANLAGEN FÜR ARME UND BEINE IN DEN EMBRYONEN VON SCHLANGEN ...
... DOCH SEHR SCHNELL WERDEN DIE GENE, DIE AM URSPRUNG DER ENTWICKLUNG VON GLIEDMASSEN STEHEN (U. A. SONIC HEDGEHOG), DEAKTIVIERT! BEI UNS IST DIESES GEN ABER ZUM GLÜCK AKTIV ...
SPLAFF
WENN DIE GENE AUF „PAUSE" GEHEN, KÖNNEN SIE AUCH REAKTIVIERT WERDEN, ODER? WÜRDE GERDA DANN WIEDER SCHARFE DINO-SAURIERZÄHNE KRIEGEN?
JA! TATSÄCHLICH HAT MAN AN MUTIERTEN HÜHNEREMBRYOS SCHON ZÄHNE GEFUNDEN.
DIE GENE HATTEN SICH IRRTÜMLICH REAKTIVIERT ... NACH 60 MILLIONEN JAHREN!
MUTIERT?!
MIT „COPY & PASTE" KANN MAN SOGAR DEN REGULATIVEN APPARAT EINER BAKTERIE IN DIE DNA EINES SÄUGETIERS BRINGEN – ZUM BEISPIEL EIN GEN, DAS DIE FÄRBUNG REGULIERT.
Bakterie
ACGTAAG TACGAA...
Kopiertes Gen
Erwachsene Maus
VERRÜCKTERWEISE FUNKTIONIERT DAS PERFEKT: DIE MAUS ÄNDERT IHRE FARBE! UND DOCH HAT IHR LETZTER GEMEINSAMER VORFAHR VOR CA. 3 MILLIARDEN JAHREN GELEBT.
ABER DANN KANN MAN JA MIT EIN PAAR FALSCHEN „KLICKS" UND „KLACKS" DEN COTYLORHYNCHUS, DER IN UNS SCHLUMMERT, WIEDERERWECKEN?!
THEORETISCH VIELLEICHT ...
DEIN KOPF SIEHT HEUTE SO SELTSAM AUS ... IRGENDWIE KLEIN!
ÄHM, JA. DEINER AUCH. UND ICH HABE SO EINEN KOMISCHEN HEISS-HUNGER AUF ... FARNE!
ICH AUCH!
... ABER IN DER PRAXIS IST ES UNMÖGLICH. ES MÜSSTE EINE GANZE KETTE VON UNWAHRSCHEINLICHEN MUTATIONEN UND VER-ÄNDERUNGEN GEBEN. DAS WÄRE SO, ALS WÜRDE MAN EIN ZERSCHLAGENES EI WIEDER GANZ MACHEN WOLLEN.

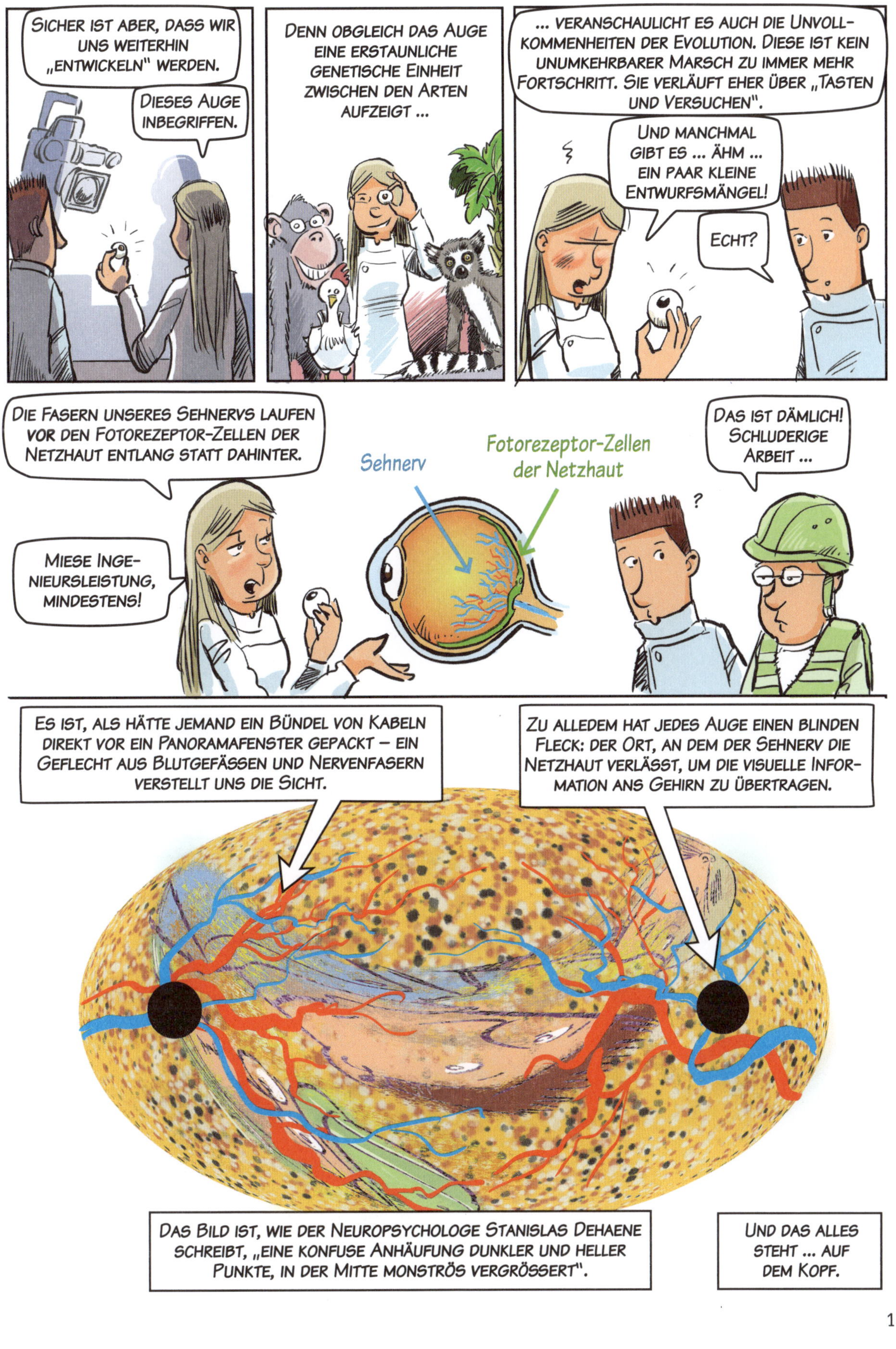

SICHER IST ABER, DASS WIR UNS WEITERHIN „ENTWICKELN" WERDEN.
DIESES AUGE INBEGRIFFEN.
DENN OBGLEICH DAS AUGE EINE ERSTAUNLICHE GENETISCHE EINHEIT ZWISCHEN DEN ARTEN AUFZEIGT ...
... VERANSCHAULICHT ES AUCH DIE UNVOLLKOMMENHEITEN DER EVOLUTION. DIESE IST KEIN UNUMKEHRBARER MARSCH ZU IMMER MEHR FORTSCHRITT. SIE VERLÄUFT EHER ÜBER „TASTEN UND VERSUCHEN".
UND MANCHMAL GIBT ES ... ÄHM ... EIN PAAR KLEINE ENTWURFSMÄNGEL!
ECHT?
DIE FASERN UNSERES SEHNERVS LAUFEN VOR DEN FOTOREZEPTOR-ZELLEN DER NETZHAUT ENTLANG STATT DAHINTER.
Sehnerv
Fotorezeptor-Zellen der Netzhaut
DAS IST DÄMLICH! SCHLUDERIGE ARBEIT ...
MIESE INGENIEURSLEISTUNG, MINDESTENS!
ES IST, ALS HÄTTE JEMAND EIN BÜNDEL VON KABELN DIREKT VOR EIN PANORAMAFENSTER GEPACKT – EIN GEFLECHT AUS BLUTGEFÄSSEN UND NERVENFASERN VERSTELLT UNS DIE SICHT.
ZU ALLEDEM HAT JEDES AUGE EINEN BLINDEN FLECK: DER ORT, AN DEM DER SEHNERV DIE NETZHAUT VERLÄSST, UM DIE VISUELLE INFORMATION ANS GEHIRN ZU ÜBERTRAGEN.
DAS BILD IST, WIE DER NEUROPSYCHOLOGE STANISLAS DEHAENE SCHREIBT, „EINE KONFUSE ANHÄUFUNG DUNKLER UND HELLER PUNKTE, IN DER MITTE MONSTRÖS VERGRÖSSERT".
UND DAS ALLES STEHT ... AUF DEM KOPF.

JA! SCHAUT EUCH DIESES BILD AN. FIXIERT DEN PUNKT IN DER MITTE. NACH EINER WEILE WERDEN MANCHE VIOLETTEN PUNKTE „AUSRADIERT", UND DANN TAUCHEN SIE AUS HEITEREM HIMMEL WIEDER AUF. DAS IST DER TROXLER-EFFEKT.

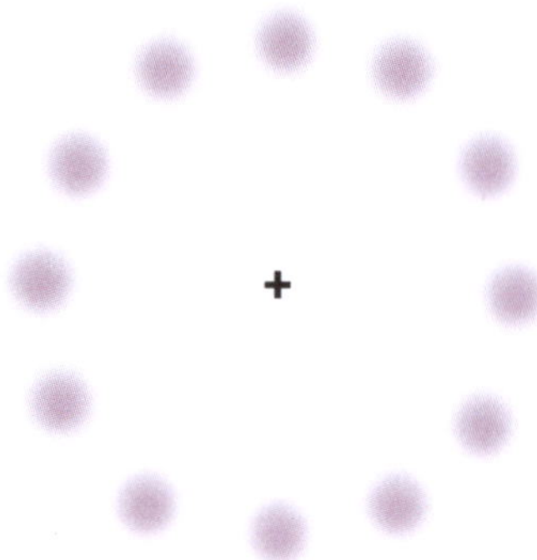

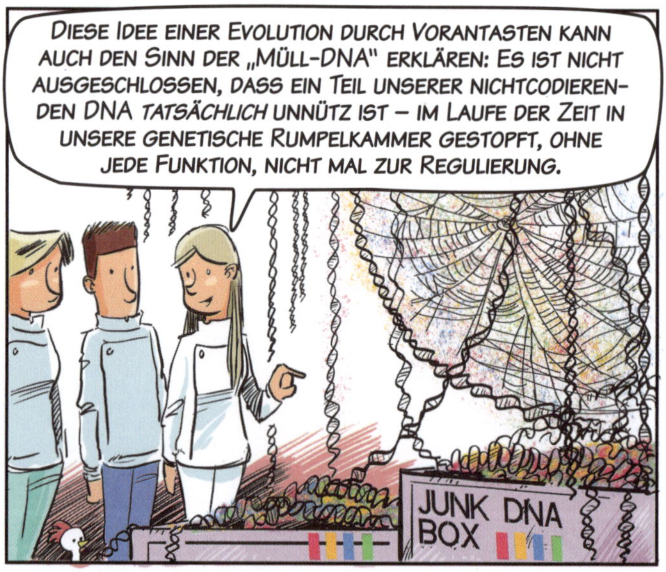

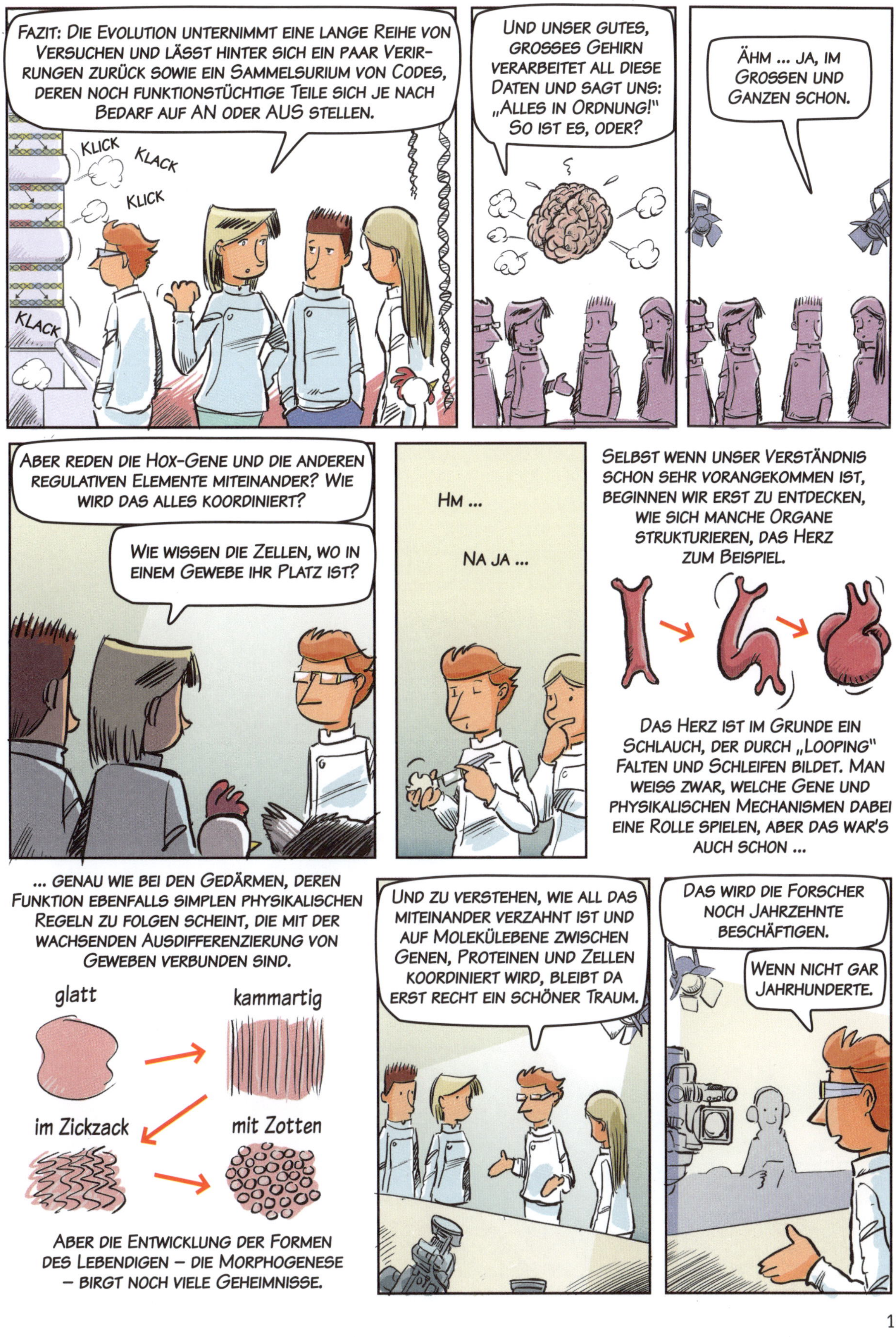
FAZIT: DIE EVOLUTION UNTERNIMMT EINE LANGE REIHE VON VERSUCHEN UND LÄSST HINTER SICH EIN PAAR VERIRRUNGEN ZURÜCK SOWIE EIN SAMMELSURIUM VON CODES, DEREN NOCH FUNKTIONSTÜCHTIGE TEILE SICH JE NACH BEDARF AUF AN ODER AUS STELLEN.
KLICK
KLACK
KLICK
KLACK
UND UNSER GUTES, GROSSES GEHIRN VERARBEITET ALL DIESE DATEN UND SAGT UNS: „ALLES IN ORDNUNG!" SO IST ES, ODER?
ÄHM ... JA, IM GROSSEN UND GANZEN SCHON.
ABER REDEN DIE HOX-GENE UND DIE ANDEREN REGULATIVEN ELEMENTE MITEINANDER? WIE WIRD DAS ALLES KOORDINIERT?
WIE WISSEN DIE ZELLEN, WO IN EINEM GEWEBE IHR PLATZ IST?
HM ...
NA JA ...
SELBST WENN UNSER VERSTÄNDNIS SCHON SEHR VORANGEKOMMEN IST, BEGINNEN WIR ERST ZU ENTDECKEN, WIE SICH MANCHE ORGANE STRUKTURIEREN, DAS HERZ ZUM BEISPIEL.
DAS HERZ IST IM GRUNDE EIN SCHLAUCH, DER DURCH „LOOPING" FALTEN UND SCHLEIFEN BILDET. MAN WEISS ZWAR, WELCHE GENE UND PHYSIKALISCHEN MECHANISMEN DABEI EINE ROLLE SPIELEN, ABER DAS WAR'S AUCH SCHON ...
... GENAU WIE BEI DEN GEDÄRMEN, DEREN FUNKTION EBENFALLS SIMPLEN PHYSIKALISCHEN REGELN ZU FOLGEN SCHEINT, DIE MIT DER WACHSENDEN AUSDIFFERENZIERUNG VON GEWEBEN VERBUNDEN SIND.
glatt
kammartig
im Zickzack
mit Zotten
ABER DIE ENTWICKLUNG DER FORMEN DES LEBENDIGEN – DIE MORPHOGENESE – BIRGT NOCH VIELE GEHEIMNISSE.
UND ZU VERSTEHEN, WIE ALL DAS MITEINANDER VERZAHNT IST UND AUF MOLEKÜLEBENE ZWISCHEN GENEN, PROTEINEN UND ZELLEN KOORDINIERT WIRD, BLEIBT DA ERST RECHT EIN SCHÖNER TRAUM.
DAS WIRD DIE FORSCHER NOCH JAHRZEHNTE BESCHÄFTIGEN.
WENN NICHT GAR JAHRHUNDERTE.

* nicht-ergodisch: Es spielt nicht alle Möglichkeiten eines Systems durch (siehe z.B. Seite 96 und Seite 115).

Der US-amerikanische Physiker und Mathematiker Mitchell Feigenbaum schrieb einmal ironisch: „In der Physik gibt es eine wichtige Grundannahme, nach der man, um die Welt zu verstehen, ihre einzelnen Elemente so lange isolieren muss, bis man die entscheidenden Dinge begreift. Dann nimmt man an, dass der Rest – das, was man nicht versteht – nur noch Kleinkram ist."

Reicht es also, die Daten, die wir vor der Nase haben, zu analysieren, damit wir die Welt verstehen? Oder ist der angebliche „Kleinkram" gar nicht so klein?

Kapitel 8

DIE SELTSAME ZWISCHENWELT

„Was ist Turbulenz? Es gibt keine einleuchtende Antwort auf diese Frage, (…) obwohl die Leute sich einig wären, dass sie eine turbulente Strömung erkennen würden, wenn sie eine solche sähen.“

David Ruelle, *Zufall und Chaos*

Um das Bild der Welt zu verstehen, genügt es also, sie räumlich zu analysieren – mit Kugeln, Linien, Quadraten und Punkten. Ist nicht die Welt selbst aus Formen gemacht, die den euklidischen Dimensionen entsprechen? Woraus sonst sollte sie auch gemacht sein?
Und doch hat die Natur bestimmte „Details" verschleiert, die sich als geheime Tür zu einer riesigen verborgenen Welt erweisen.
Dieses Dreieck ist ein Schlüssel, um dorthin zu gelangen.
Dieses dreimal kleinere Dreieck auch.
Kleben wir nun so ein kleines Dreieck an die Mitte jeder Seite des großen Dreiecks.
KLACK
Und gleich noch mal! Kleben wir also noch kleinere Dreiecke auf die vorigen.
KLACK
KLACK KLACK
Und immer so weiter mit noch kleineren Dreiecken ... Das Ergebnis ähnelt einer idealisierten Schneeflocke.
Diese Geometrie ist seltsam. Sie kann sich bis ins Unendliche hinein vergrößern, ohne sich je zu überschneiden: Die Dreiecke sind immer klein genug, um einander nicht zu berühren.
Es ist die kochsche Schneeflocke oder **Koch-Kurve**, benannt nach dem schwedischen Mathematiker, der sie als Erster beschrieben hat.

Der Flächeninhalt bleibt endlich: Zieht man einen Kreis um das ursprüngliche Dreieck, wird die Koch-Kurve niemals über ihn hinausgehen.
Und obwohl jedes Dreieck ein wenig Fläche hinzufügt, wird der gesamte Flächeninhalt kaum größer sein als der des Ursprungsdreiecks.
Egal wie nahe man an die Figur heranzoomt – dieselbe Konfiguration wiederholt sich bis ins Unendliche. Hier liegt eine **Skaleninvarianz** vor: eine Symmetrie, die man in jedem möglichen Maßstab wiederfindet.
Die **Koch-Kurve** kann also unendlich lang sein, bleibt jedoch in einer endlichen Oberfläche inbegriffen. Wie seltsam!
Die Entdeckung der Koch-Kurve im Jahre 1904 verstört die Wissenschaftler, die darin etwas Nebensächliches und zugleich Monströses sehen.
Diese Kurve ist so sperrig, dass sie in kein Schubfach passen will.
Anders als eine einfache Linie ist sie unendlich und füllt in diesem Kreis eine Fläche. Sie hat also mehr als eine Dimension ...
... aber andererseits ist sie auch keine zweidimensionale Ebene: Sie zersplittert sich unbegrenzt innerhalb des Kreises, ohne seine Fläche je vollständig auszufüllen.
Dieses Gebilde hat also eine **nicht-ganzzahlige** Dimension: größer als eins, aber kleiner als zwei. Tatsächlich ist es 1,2618-dimensional!
Aber damals sah man darin nur ein unbedeutendes „Hintergrundrauschen". Allein der deutsche Mathematiker Georg Cantor hatte sich für solche Dinge interessiert ... schon 30 Jahre vor Koch.
?
NA SO WAS! SEHEN SIE, WAS ICH SEHE?
?
DAS GEHT INS UNENDLICHE. UND ÜBERHAUPT GIBT ES UNENDLICHKEITEN, DIE GRÖSSER SIND ALS ANDERE!
HAHA, DAS IST DOCH VERRÜCKT, ODER?
ICH KANN IHNEN WAS ÜBER MEINE MENGENLEHRE ERZÄHLEN ...
Cantor blieb lange ein unverstandenes Genie.
MMMH ... ICH GLAUBE, ES SCHNEIT GLEICH ...
JA! ICH HABE GERADE EINE FLOCKE GESPÜRT ...
SCHNELL NACH HAUSE!
... EINE ECHT GROSSE!

* *How long is the Coast of Britain?*

Mandelbrot gibt diesen nicht-ganzzahligen (fragmentierten) Dimensionen, die von einem Maßstab zum nächsten invariant bleiben, einen Namen: **Fraktale**.
Er wird nun noch viele andere Figuren, auf die vor ihm niemand wirklich geachtet hatte, entdecken und präsentieren.
UND AUCH DAS IST WIEDER EIN ...
... FRAKTAL. *SEUFZ*
JAAA, GENAU!
UND NUN EINE AMÜSANTE STUNT-MAN-SZENE ...
HAHA, NEIN, WAR EIN SCHERZ! ... WIR WERDEN EIN WEITERES FRAKTAL SEHEN.
GÄHN
SEUFZ
SCHNARCH
In Europa interessiert sich fast zur gleichen Zeit der belgische Forscher David Ruelle für Turbulenzen. Ein Thema, das sonst niemanden interessiert.
Die Turbulenzen eines dynamischen Systems werden nämlich als Unendlichkeit von Vibrationen, als unberechenbare Drehwürmer betrachtet. Kurz: als unbarmherziges Monster.
Ein Monster, das ausgerottet gehört. Oder besser noch: vor dem man flieht.
Ruelle aber will das Monster zähmen.
TSCHACK!
David Ruelle und sein Kollege Floris Takens lehnen die Idee von Frequenzen, die zu unendlich vielen Bewegungen führen, ab: Sie ermitteln mathematisch, dass es nur drei gibt.
WIE LÄUFST DU DENN RUM?
ICH ERKLÄR DIR'S GLEICH.
1
2
3
Sie legen ihr Projekt einer namhaften Fachzeitschrift vor: Ablehnung! „Der Herausgeber (...) verwies uns auf seine eigenen Veröffentlichungen, damit wir lernen sollten, was Turbulenz wirklich sei", schreibt David Ruelle amüsiert.
1971 wird der Aufsatz von Ruelle und Takens in einer anderen Zeitschrift publiziert.
Er zeigt, dass sich Turbulenzen als geheimnisvolle **Attraktoren** erweisen können.

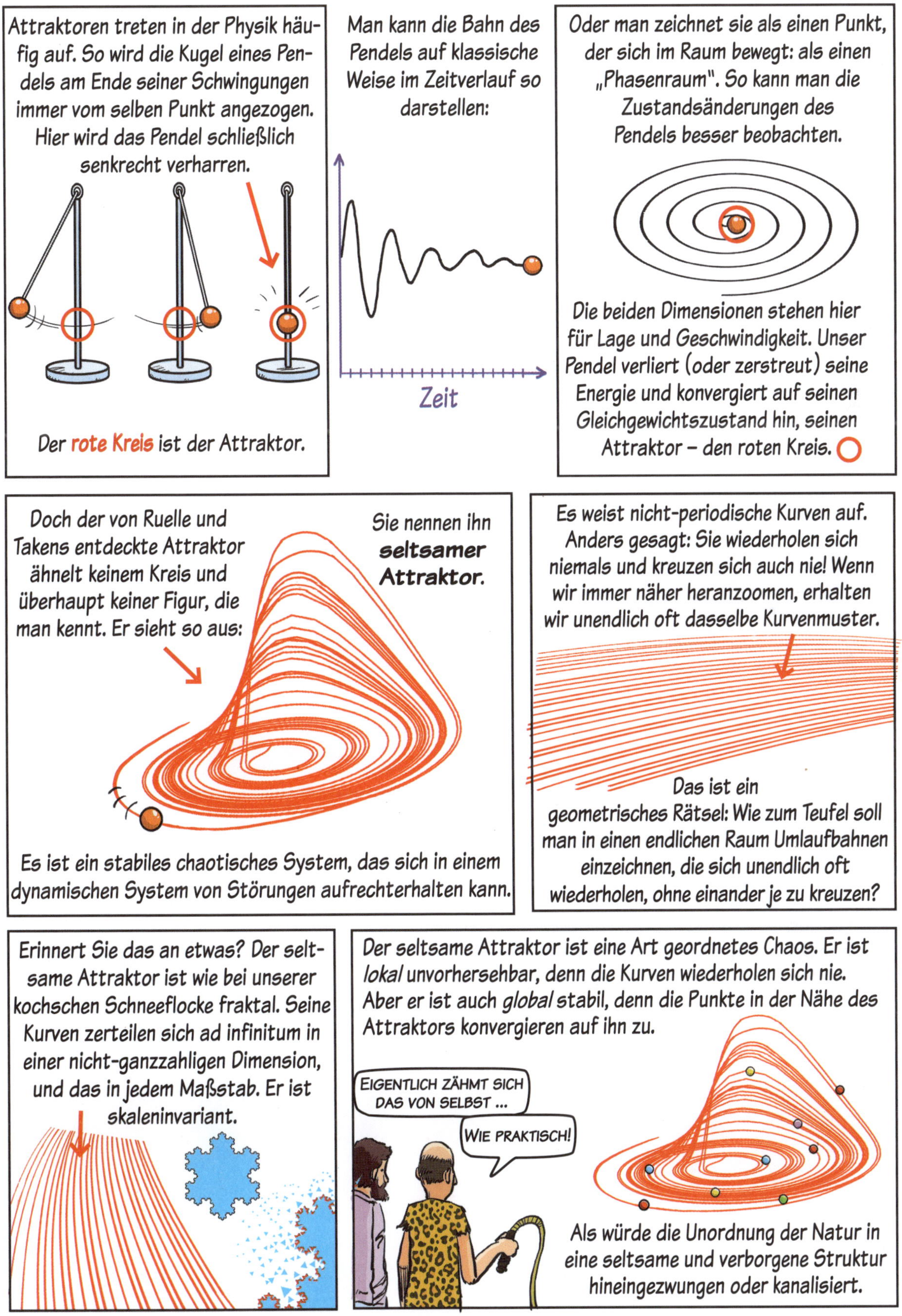
Attraktoren treten in der Physik häufig auf. So wird die Kugel eines Pendels am Ende seiner Schwingungen immer vom selben Punkt angezogen. Hier wird das Pendel schließlich senkrecht verharren.
Der **rote Kreis** ist der Attraktor.
Man kann die Bahn des Pendels auf klassische Weise im Zeitverlauf so darstellen:
Zeit
Oder man zeichnet sie als einen Punkt, der sich im Raum bewegt: als einen „Phasenraum“. So kann man die Zustandsänderungen des Pendels besser beobachten.
Die beiden Dimensionen stehen hier für Lage und Geschwindigkeit. Unser Pendel verliert (oder zerstreut) seine Energie und konvergiert auf seinen Gleichgewichtszustand hin, seinen Attraktor – den roten Kreis.
Doch der von Ruelle und Takens entdeckte Attraktor ähnelt keinem Kreis und überhaupt keiner Figur, die man kennt. Er sieht so aus:
Sie nennen ihn **seltsamer Attraktor**.
Es ist ein stabiles chaotisches System, das sich in einem dynamischen System von Störungen aufrechterhalten kann.
Es weist nicht-periodische Kurven auf. Anders gesagt: Sie wiederholen sich niemals und kreuzen sich auch nie! Wenn wir immer näher heranzoomen, erhalten wir unendlich oft dasselbe Kurvenmuster.
Das ist ein geometrisches Rätsel: Wie zum Teufel soll man in einen endlichen Raum Umlaufbahnen einzeichnen, die sich unendlich oft wiederholen, ohne einander je zu kreuzen?
Erinnert Sie das an etwas? Der seltsame Attraktor ist wie bei unserer kochschen Schneeflocke fraktal. Seine Kurven zerteilen sich ad infinitum in einer nicht-ganzzahligen Dimension, und das in jedem Maßstab. Er ist skaleninvariant.
Der seltsame Attraktor ist eine Art geordnetes Chaos. Er ist *lokal* unvorhersehbar, denn die Kurven wiederholen sich nie. Aber er ist auch *global* stabil, denn die Punkte in der Nähe des Attraktors konvergieren auf ihn zu.
EIGENTLICH ZÄHMT SICH DAS VON SELBST ...
WIE PRAKTISCH!
Als würde die Unordnung der Natur in eine seltsame und verborgene Struktur hineingezwungen oder kanalisiert.

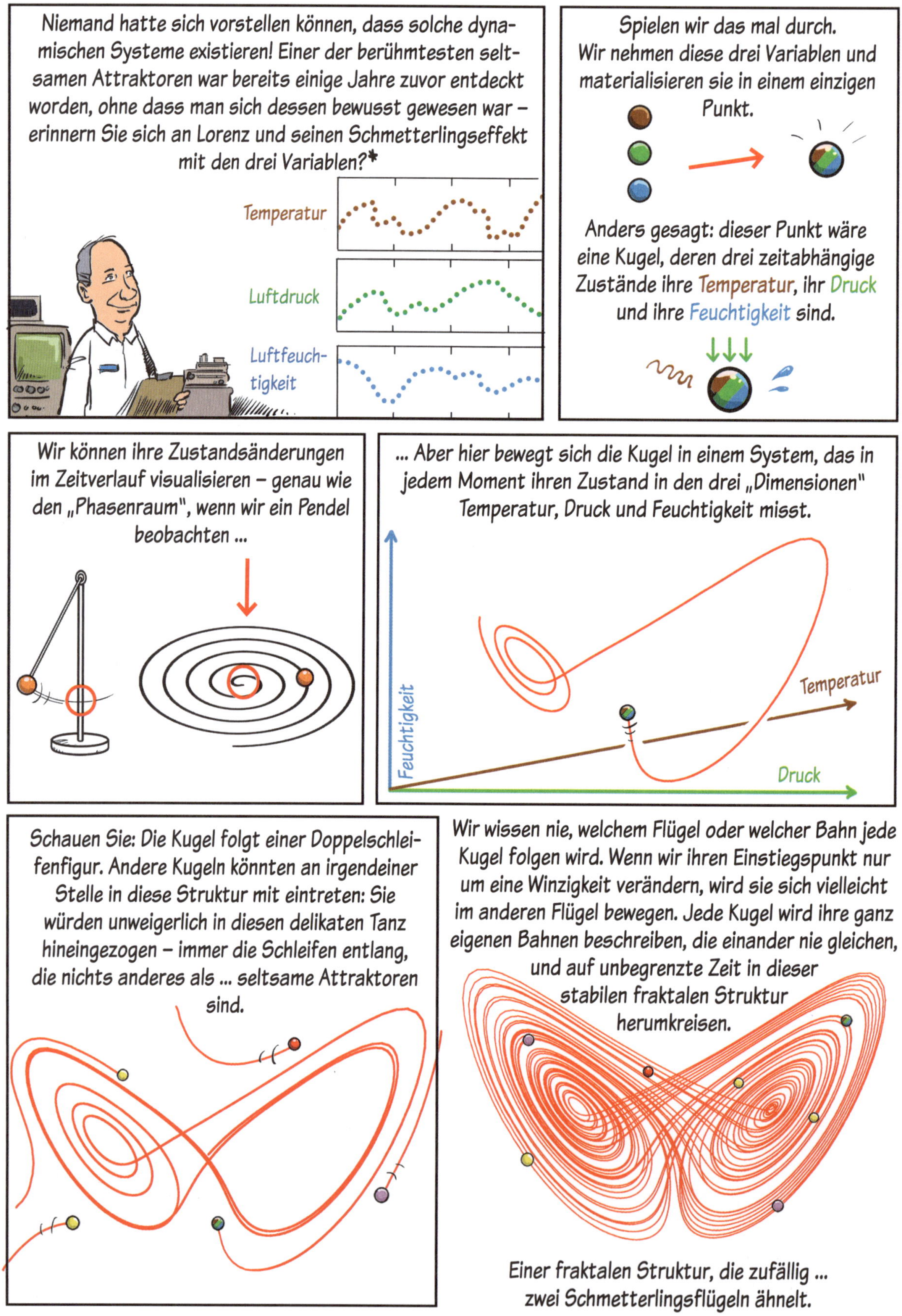

* Siehe Seite 59.

Der erste Schmetterlingseffekt hatte gezeigt, dass die Welt nicht linear, sondern chaotisch ist: kleine Ursachen, große Wirkungen.

Der zweite Schmetterlingseffekt verrät uns, dass sich hinter diesem Chaos eine Ordnung verbirgt, eine stabile fraktale Geometrie zwischen dem Lokalen und dem Globalen.

* Siehe Seite 58.

Es sieht so aus, als wäre die ganze Natur nach einem Schema gezeichnet, das man lange als abwegig und als mathematische Unmöglichkeit betrachtet hat: von den galaktischen Gasnebeln bis zur Rinde von Bäumen, von den Neuronen bis zu den Fasern des Universums.
WAS FÜR EIN HÜBSCHES, FARBENPRÄCHTIGES HAUS, BASTIEN!
ADONIE, HAST DU AUCH EIN BILD GEMALT?
AH JA, DAS IST … EIN … EINE … ÄHM …
ICH HABE ES „SCHIEBEDACH" GENANNT.
AH, AUCH DU BETITELST DEINE WERKE GERN!
MICH ERINNERT DAS EHER AN EIN „EKSTATISCHES ANTLITZ IM HALBDUNKEL".
MAX KANN NICHTS DAFÜR, ER HAT ES GERADE MIT „EKSTATISCHEN ANTLITZEN" …
VIELLEICHT „EKSTATISCHES SCHIEBEDACH"?
ICH FINDE, ES DRÜCKT GUT DIE FRAKTALE WELT AUS!
Unser eigener Körper ähnelt einer kochschen Schneeflocke: der Blutkreislauf optimiert die Ausnutzung des Raumes wie die Flocke und ihre unendliche Kurve in einem endlichen Raum. „In der Ökonomie des Körpers ist das Blut ein Reichtum und der Raum ein Luxus", schreibt der Autor James Gleick.
Von den Arterien bis zu den Haargefäßen teilt und verzweigt sich unser Blutsystem so sehr, dass jede unserer Milliarden Zellen in unmittelbarer Nähe eines Gefäßes liegt.

Auch unser Atem- und unser Harnsystem sind Fraktale, ebenso wie die Zellen unseres Verdauungssystems oder die Faszien – Membranen aus Bindegewebe, die unsere gesamte anatomische Struktur bedecken.

Das Fell von Tieren, Farnwedel, die Muster auf Muscheln: alle sind sie aus einfachen Prozessen der Wiederholung hervorgegangen, einer selbstorganisierten Morphogenese. Oft ist sie fraktal.

Eine Art „Spiel des Chaos", wie es der britische Mathematiker Michael Barnsley in Anlehnung an Conways „Spiel des Lebens" genannt hat: vier simple Regeln, nach dem Zufallsprinzip herabrieselnde Punkte – und fertig ist ein Farnwedel!

Der Mathematiker Stephen Wolfram wiederum hat gezeigt, dass wir mit ein paar Grundregeln fraktale oder chaotische Konstruktionen erhalten können.

Hier ist z.B. seine „Regel 30":

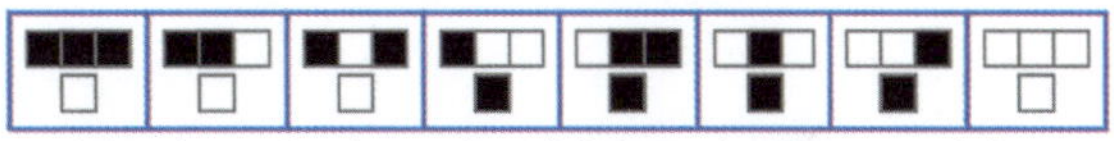

Wenden wir sie mal auf folgende Figur an. Wir beginnen beim Quadrat ganz oben und gehen Zeile für Zeile nach unten. Drei auf einer Zeile benachbarte Quadrate bestimmen nach Regel 30 die Farbe des Quadrats unter ihnen auf der folgenden Zeile.

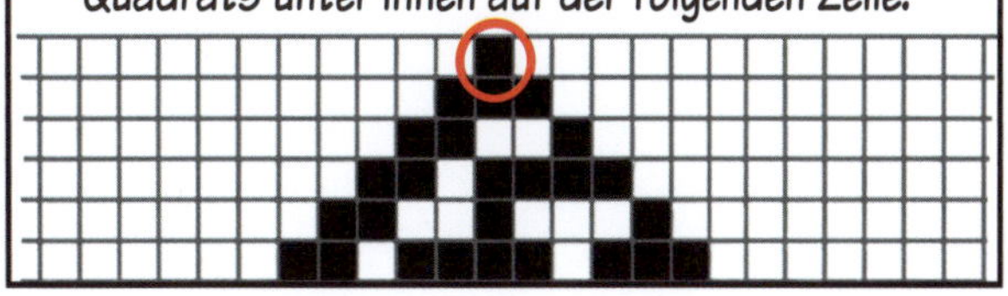

Nach etwa 150 Wiederholungen zeichnet sich links eine Regelmäßigkeit ab – aber rechts nicht! Dort verläuft die Entwicklung chaotisch. Wie kann eine einfache deterministische Regel so etwas erzeugen? Wir haben darauf noch immer keine Antwort, sagt Wolfram voller Staunen. Aber die Natur scheint solche Mechanismen zu nutzen, um sich selbst zu erschaffen.

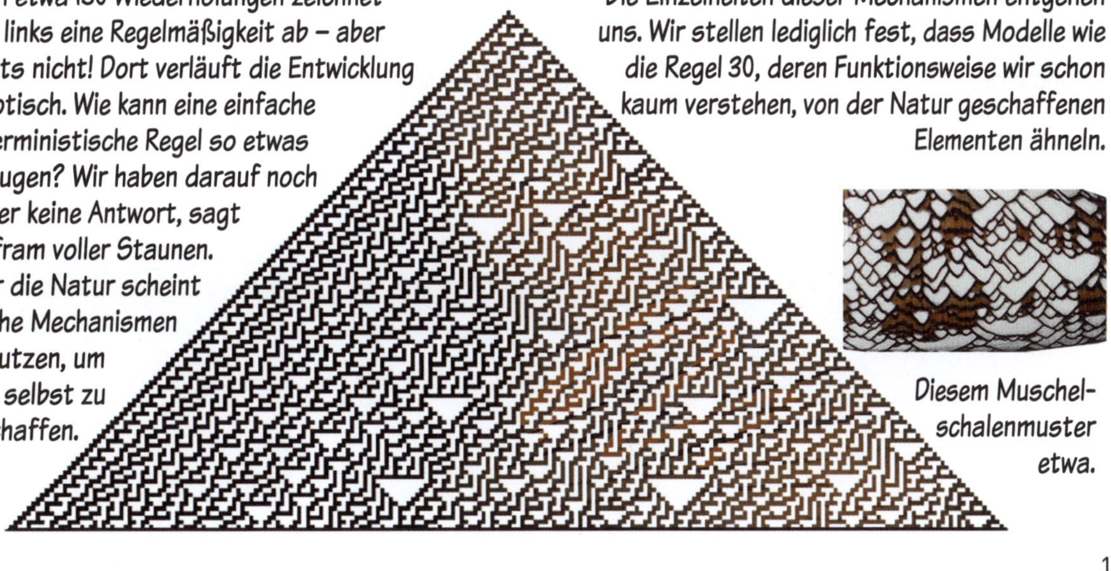

Die Einzelheiten dieser Mechanismen entgehen uns. Wir stellen lediglich fest, dass Modelle wie die Regel 30, deren Funktionsweise wir schon kaum verstehen, von der Natur geschaffenen Elementen ähneln.

Diesem Muschelschalenmuster etwa.

Chaos und Fraktale scheinen überall präsent zu sein. So glaubten wir lange, dass eine Population, sofern es keine unvorhergesehenen Zwischenfälle gibt, regelmäßigen periodischen Schwankungen unterworfen ist, die von deterministischen Gesetzen bestimmt werden. Kurz gesagt: Es ist eine ruhige und vorhersehbare Welt.

Zum Beispiel hier: stabile und begrenzte Umweltressourcen = stabile Population.

Aber wenn unerwartete Ereignisse auftreten – Epidemien, Kriege, Dürren etc. –, werden die Schwankungen der Population chaotisch. Man hielt die unerwarteten Ereignisse für den *einzigen* Grund dieser chaotischen Schwankungen. Das scheint auf der Hand zu liegen – und ist doch falsch.

Der australische Forscher Robert May hat bewiesen, dass bereits einfache deterministische Modelle chaotische Zyklen erzeugen können – auch wenn kein äußerer Faktor auf sie einwirkt. Eine ungeahnte stabile Struktur zwischen Ordnung und Chaos – wie unser seltsamer Attraktor.

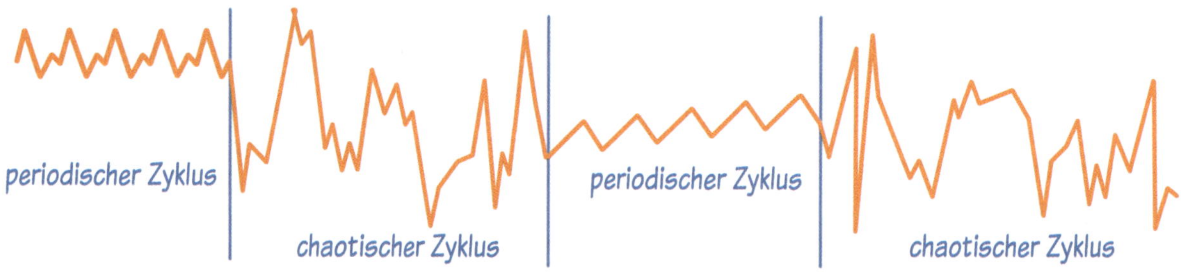

Man kann Robert Mays Modell mithilfe eines sogenannten Bifurkationsdiagramms betrachten. Es entspricht dem Phasenraum auf unserem Rechenbrett oder den Schmetterlingsflügeln von Lorenz. Man bemerkt darauf, dass sich die Zyklen des Gleichgewichts von Populationen in einer fraktalen Geometrie wiederholen können.

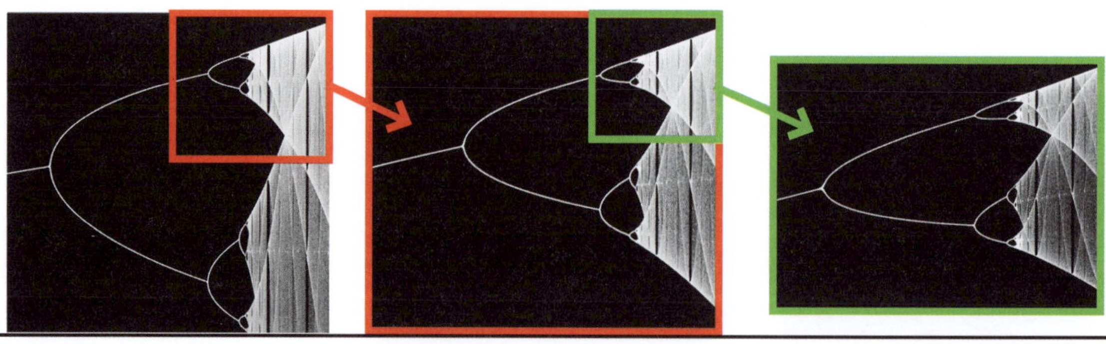

Laut dem Chemie-Nobelpreisträger Ilya Prigogine spielt sich die Beschreibung der Welt zwischen Stabilität und Instabilität ab, zwischen Zusammenhängen auf verschiedenen Skalen. Die **fraktale Geometrie des Chaos**, die man lange für ein unwichtiges Detail oder ein bloßes Rauschen hielt, liegt unserer Realität zugrunde. Sie hat den Gegensatz zwischen Zufälligkeit und Determinismus, zwischen Zufall und Notwendigkeit hinweggefegt.

Diese Wechselbeziehung, dieses Kontinuum lokaler und globaler Phänomene, zwingt uns auf jeden Fall dazu, über den Tellerrand hinauszuschauen. Und sogar noch viel weiter, als wir es uns vorstellen können ...

Kapitel 9

DAS NICHTLOKALE UNIVERSUM

„Die Quantenphysik ist außergewöhnlich, da man nach einem Jahrhundert der Bemühungen noch immer kein Phänomen kennt, bei dem sie an ihre Grenzen zu stoßen scheint.“

Alain Aspect, *Einstein und die Quantenrevolutionen*

Ein Nachbarschaftszwang, der in unserem Beispiel auch durch die Grenzen der Muskelkraft und andere Beschränkungen (Reibung etc.) beeinflusst wird.
Unmöglich!
?
PLUPP
WAS MACHST DU DA, MAI? KOMMST DU JETZT ENDLICH?!
PFF, WIEDER NIX!
FÜR WEN SOLL DIESER SCHNEEBALL SEIN?
DU HAST ES NICHT MAL GEMERKT! DAS IST ECHT FRUSTRIEREND!
WAS HABE ICH NICHT GEM...?
?!
Und natürlich wird der Schneeball nicht auf einer Bahn daherkommen, auf die ihn nie jemand geschickt hat!
AH, NEIN, DAS WAR ICH NICHT!
?@#% ?!?
Logisch.
HAHA, AUF JEDEN FALL GUT GEZIELT!
??
Unsere dreidimensionale Welt ist also kausal und lokal. Jedenfalls dem Anschein nach.
DA WÄREN WIR!
ICH PRÄSENTIERE EUCH „FAST AND CURIOUS": UNSEREN RAUM-ZEIT-RAUMSCHIFFSIMULATOR.
WOW! ICH HABE JETZT SCHON DAS GEFÜHL, IN EINEM SCIENCE-FICTION-FILM ZU SEIN.

MEHR WISSENSCHAFT ALS FIKTION, LIEBER MAX! HIER IST DIE KOMMANDOZENTRALE.
ZIEHT EURE MÄNTEL AUS, MACHT ES EUCH BEQUEM, UND DANN ...
SICHER SEID IHR SCHON NEUGIERIG AUF DAS INNERE UNSERES SIMULATORS..
HIER GIBT'S JA 'NE MENGE KNÖPFE!
BESTIMMT EINE IMMERSIVE ERFAHRUNG!
ÄH, SOLLEN WIR HIER POLEDANCE MACHEN? ICH SAG EUCH GLEICH: MEINE NUMMER IST NOCH NICHT AUSGEREIFT!
ABER NEIN. DAS IST EINE STANGE ZUM FESTHALTEN.
AH JA.
ALSO, SCHIFFSJUNGEN – SEID IHR BEREIT, AUF DEN GRAVITATIONSWELLEN ZUM SCHATZ DES ROTEN QUASARS ZU SEGELN?
PASST MIR GUT! SONST HÄTTE ICH HEUTE NACHMITTAG DEN MÜLL RUNTERGEBRACHT ...
AUF GEHT'S! HÜBSCHE JACKE, KÄPT'N!
AM STEUERPULT SIND WIR SO WEIT. ZOÉ WIRD MIR HELFEN.
UND WIR GEHEN MIT ONKEL ALBUS SCHLITTEN FAHREN.
IN ORDNUNG!

STARTKLAR?
HIHI, SO WOLLTE ICH SCHON IMMER MAL WINKEN.
6... 5... 4...
3... 2... 1...
DIE HALTESTANGE ERINNERT EHER AN EINEN VORORTZUG ALS AN KÜHNE EROBERER DES KOSMOS!
ZWEI, DREI DINGE KÖNNTET IHR NOCH VERBESSERN BEI EUREN VORFÜHRUNGEN ...
... 0 UND START!
AH JA! EIN SUPER GEFÜHL!
VERBLÜFFEND!
ES SIND ERST WENIGE MINUTEN VERSTRICHEN, UND SCHON FLIEGEN WIR ÜBER DEN MARS!
ACH JE, DIE SONNE IST NUR NOCH EIN GANZ KLEINER PUNKT!
JA, KLAR ... UND WIR BESCHLEUNIGEN IMMER NOCH. WIR ERREICHEN JETZT 75 % DER LICHTGESCHWINDIGKEIT, ALSO 75 % VON 300.000 KILOMETERN PRO SEKUNDE!
EINFACH SO?!
75 % VON 300.000 KM/S
JETZT 84 % DER LICHTGESCHWINDIGKEIT. UND WIR BESCHLEUNIGEN IMMER NOCH WEITER!
84 % VON 300.000 KM/S

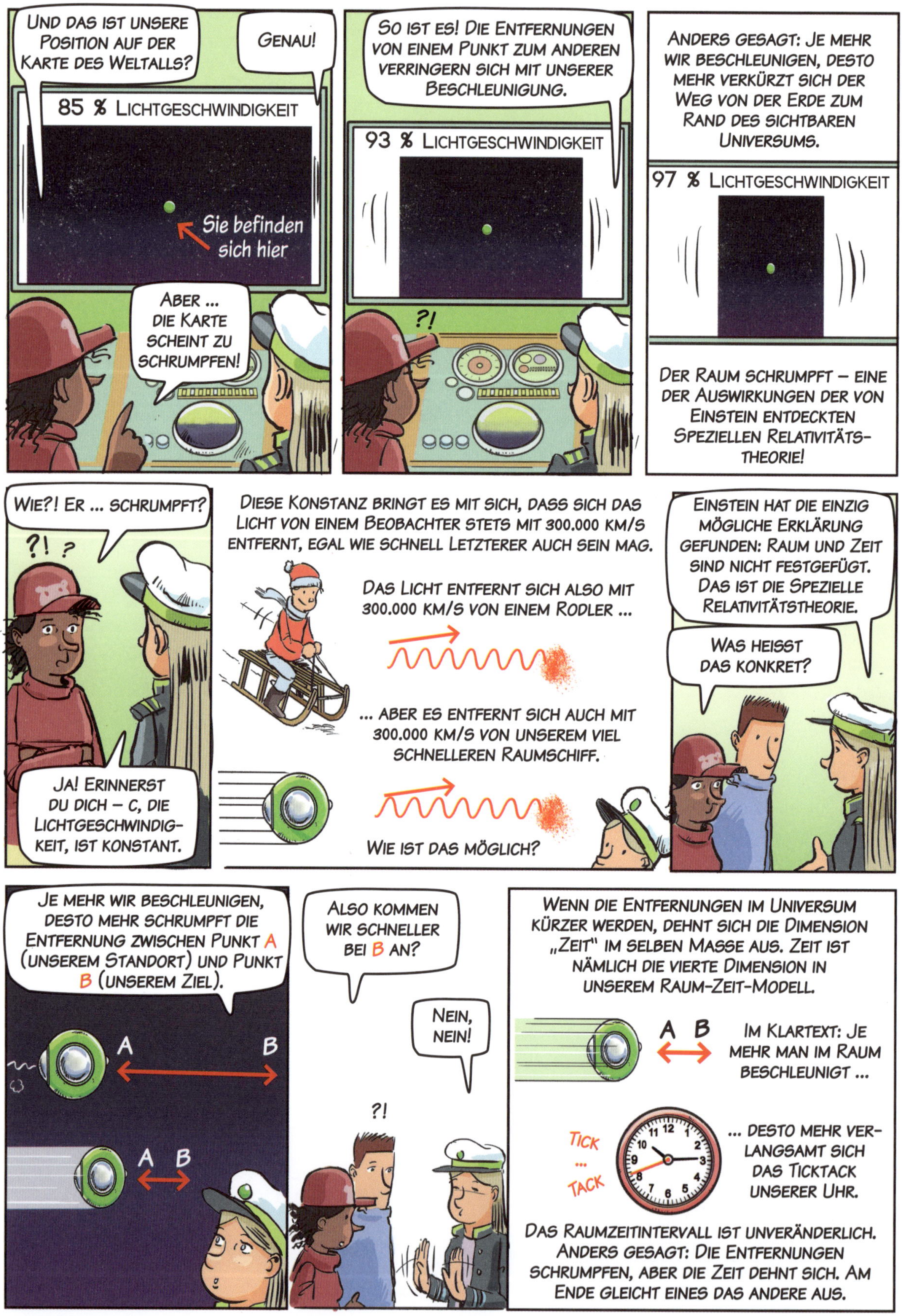

 * Siehe Seite 29.

ABER WIR SEHEN NICHTS VON ALLEDEM! DIE BORDUHR SCHEINT GANZ NORMAL WEITERZUTICKEN.
FÜR UNS SCHON ...
AUS UNSEREM BLICKWINKEL TICKT DIESE UHR IN NORMALEM TEMPO. ABER WENN MAN DIE UHR VON DER ERDE AUS SEHEN KÖNNTE ...
... DANN WÜRDEN SICH DIE ZEIGER IN ZEITLUPE DREHEN. WIR ALLE WÄREN IM ZEITLUPENMODUS!
UND UMGEKEHRT: WENN WIR DIE ERDE LIVE BEOBACHTEN KÖNNTEN, DANN WÜRDE DIE ZEIT DORT SCHNELLER VERGEHEN ALS HIER!
UND ZWAR VIEL SCHNELLER! WIR FLIEGEN IM MOMENT MIT 99 % LICHTGESCHWINDIGKEIT.
ECHT? KANN MAN DIE ERDE VON HIER AUS LIVE SEHEN? TOLL!
NEIN, ES GÄBE EINE ZEITVERSCHIEBUNG: WAS UNS BEGRENZT, IST DIE ÜBERTRAGUNGSGESCHWINDIGKEIT DES LICHTS – ALSO 300.000 KM/S.
DAS IST DIE ÄUSSERSTE GRENZE DER LOKALITÄT: NICHTS KANN SCHNELLER UNTERWEGS SEIN.
OOOCH ...
MMH ... JA, LEIDER!
ABER ... WIR STECKEN JA GERADE IN EINER SIMULATION. WIR HABEN DAFÜR EINEN BESONDEREN KNOPF. STELLT EUCH EINE ART ÜBERLICHTGESCHWINDIGKEITSANSICHT VOR, MIT DER WIR DIE ERDE LIVE BEOBACHTEN KÖNNEN!
COOL!
HOPP
KLICK
TUN WIR EINFACH SO, ALS WÄREN WIR IN EINEM COMIC!
AAAH ...
OH, DAS IST JA ALBUS – MIT BASTIEN UND ADONIE BEIM SCHLITTENFAHREN! ABER NEE, DAS SIND SIE DOCH NICHT!
DER ALTE HERR MIT DEM GEHSTOCK, DAS IST SCHON ALBUS?!
AH, JA ... UM HIMMELS WILLEN, ER IST UM MEHRERE JAHRZEHNTE GEALTERT!

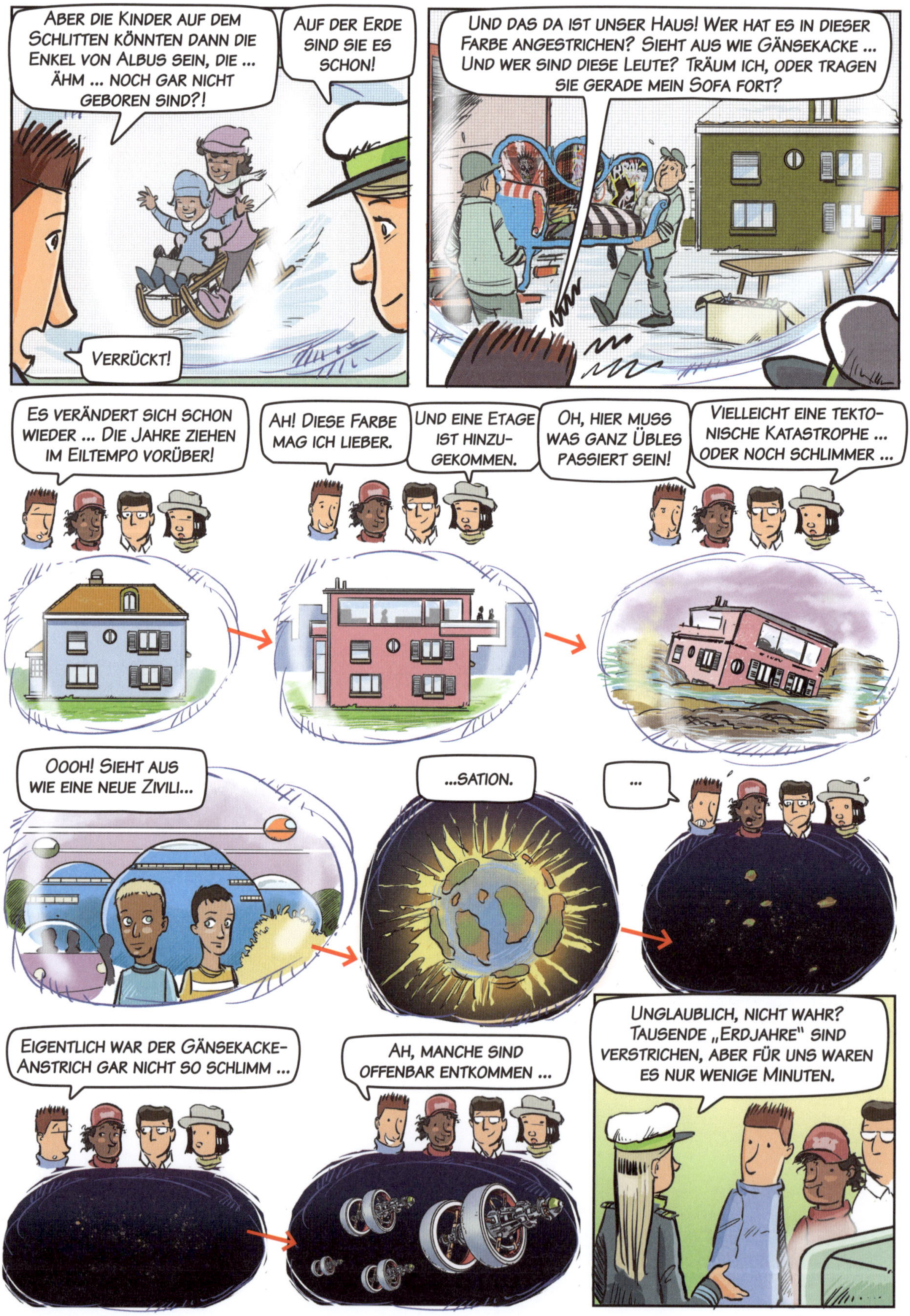

ABER DIE KINDER AUF DEM SCHLITTEN KÖNNTEN DANN DIE ENKEL VON ALBUS SEIN, DIE ... ÄHM ... NOCH GAR NICHT GEBOREN SIND?!
AUF DER ERDE SIND SIE ES SCHON!
VERRÜCKT!
UND DAS DA IST UNSER HAUS! WER HAT ES IN DIESER FARBE ANGESTRICHEN? SIEHT AUS WIE GÄNSEKACKE ... UND WER SIND DIESE LEUTE? TRÄUM ICH, ODER TRAGEN SIE GERADE MEIN SOFA FORT?
ES VERÄNDERT SICH SCHON WIEDER ... DIE JAHRE ZIEHEN IM EILTEMPO VORÜBER!
AH! DIESE FARBE MAG ICH LIEBER.
UND EINE ETAGE IST HINZUGEKOMMEN.
OH, HIER MUSS WAS GANZ ÜBLES PASSIERT SEIN!
VIELLEICHT EINE TEKTONISCHE KATASTROPHE ... ODER NOCH SCHLIMMER ...
OOOH! SIEHT AUS WIE EINE NEUE ZIVILI...
...SATION.
...
EIGENTLICH WAR DER GÄNSEKACKE-ANSTRICH GAR NICHT SO SCHLIMM ...
AH, MANCHE SIND OFFENBAR ENTKOMMEN ...
UNGLAUBLICH, NICHT WAHR? TAUSENDE „ERDJAHRE“ SIND VERSTRICHEN, ABER FÜR UNS WAREN ES NUR WENIGE MINUTEN.

WIR KÖNNEN WIRKLICH IN DIE ZUKUNFT REISEN! DIE RELATIVITÄTSTHEORIE LÄSST DAS ZU. MAN BRAUCHT „NUR" EINE RAKETE, DIE SICH ANNÄHERND SO SCHNELL FORTBEWEGEN KANN WIE DAS LICHT.
SUPER ... ABER DA DIE ERDE JA OFFENBAR EXPLODIERT IST, WÄRE ES SCHÖN, IN UNSERE ZEIT ZURÜCKZUKEHREN, ODER? WIE STELLT MAN DAS AN?
DAS GEHT NICHT.
ES GIBT KEIN ZURÜCK IN DER ZEIT. DIE REISE IST EINE EINBAHNSTRASSE – IMMER NUR IN DIE ZUKUNFT, NIE IN DIE VERGANGENHEIT.
ZUM GLÜCK IST DAS HIER NUR EINE SIMULATION!
JA, DENN DRAUSSEN SIEHT ES NICHT GERADE AUS WIE EIN FRÖHLICHER KOSMISCHER JAHRMARKT!
NICHT GERADE KAWAII!
UND ICH MERKE, DASS POLEDANCE SCHNELL LANGWEILIG WERDEN WÜRDE ...
UND, ÄHM ... WAS WÜRDE PASSIEREN, WENN WIR NOCH MEHR BESCHLEUNIGEN? WENN WIR UNS DER LICHTGESCHWINDIGKEIT WEITER NÄHERN?
99 % LICHTGESCHWINDIGKEIT
VERSUCHEN WIR'S MAL! HOCH MIT DEM HEBEL.
99,5 % LICHTGESCHWINDIGKEIT
SCHBBS
NÄHERN WIR UNS DER LICHTGESCHWINDIGKEIT NOCH ETWAS MEHR AN.
99,9 %
99,999 %
99,99999 %
BEI 99,99999999 % LICHTGESCHWINDIGKEIT WIRD DAS UNIVERSUM ... ZU EINEM PUNKT?!?
JA, DIE GANZE RAUMZEIT IST JETZT IN EINEM EINZIGEN PUNKT KONZENTRIERT!

Wir würden so etwas sehen wie Anfang und Ende des Universums im gleichen Moment und am gleichen Punkt.
Den Big Bang, die Expansion.
Und den Big Freeze oder Big Crunch, die Kontraktion.
Und wenn wir nicht 99,9999999 %, sondern 100 % Lichtgeschwindigkeit erreichen würden?
Um mit Lichtgeschwindigkeit zu reisen, müssten wir ohne Masse sein – wie die Photonen.
Und es ist für uns nicht möglich, keine Masse zu haben.
Oooch ...
Ja, leider ...
Haha, auch dafür haben wir allerdings einen Knopf! Vergesst nicht, es ist ja nur eine Simulation.
Klick
Wir sind jetzt ein Photon, eine Lichtwelle.
100 % Lichtgeschwindigkeit
Aus unserer Photonen-Perspektive können wir jeden Punkt der Raumzeit in ... null Sekunden erreichen!
Als wäre die Zeit stehengeblieben?
A
B

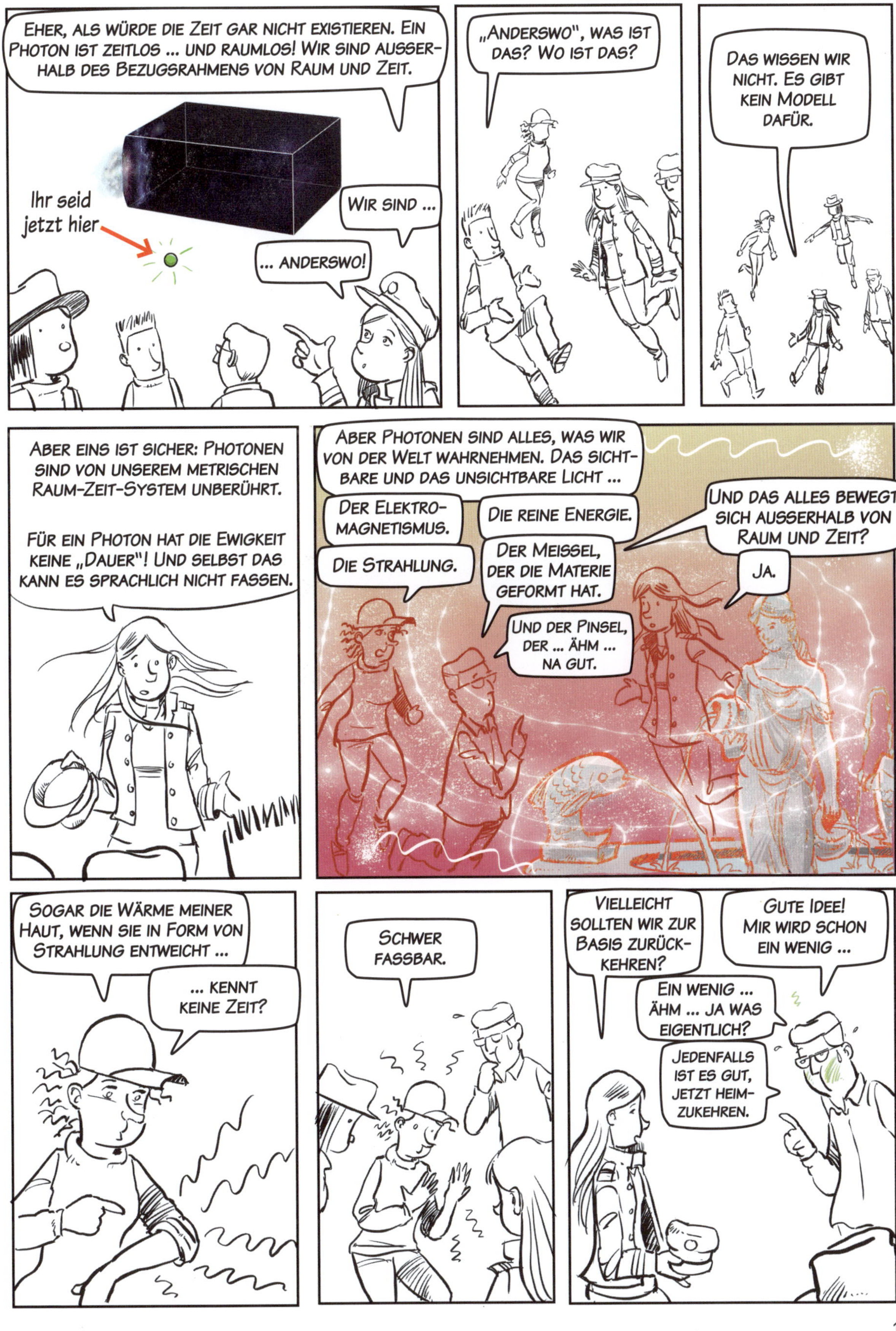
EHER, ALS WÜRDE DIE ZEIT GAR NICHT EXISTIEREN. EIN PHOTON IST ZEITLOS ... UND RAUMLOS! WIR SIND AUSSERHALB DES BEZUGSRAHMENS VON RAUM UND ZEIT.
Ihr seid jetzt hier
WIR SIND ...
... ANDERSWO!
„ANDERSWO", WAS IST DAS? WO IST DAS?
DAS WISSEN WIR NICHT. ES GIBT KEIN MODELL DAFÜR.
ABER EINS IST SICHER: PHOTONEN SIND VON UNSEREM METRISCHEN RAUM-ZEIT-SYSTEM UNBERÜHRT.
FÜR EIN PHOTON HAT DIE EWIGKEIT KEINE „DAUER"! UND SELBST DAS KANN ES SPRACHLICH NICHT FASSEN.
ABER PHOTONEN SIND ALLES, WAS WIR VON DER WELT WAHRNEHMEN. DAS SICHTBARE UND DAS UNSICHTBARE LICHT ...
DER ELEKTROMAGNETISMUS.
DIE STRAHLUNG.
DIE REINE ENERGIE.
DER MEISSEL, DER DIE MATERIE GEFORMT HAT.
UND DER PINSEL, DER ... ÄHM ... NA GUT.
UND DAS ALLES BEWEGT SICH AUSSERHALB VON RAUM UND ZEIT?
JA.
SOGAR DIE WÄRME MEINER HAUT, WENN SIE IN FORM VON STRAHLUNG ENTWEICHT ...
... KENNT KEINE ZEIT?
SCHWER FASSBAR.
VIELLEICHT SOLLTEN WIR ZUR BASIS ZURÜCKKEHREN?
GUTE IDEE! MIR WIRD SCHON EIN WENIG ...
EIN WENIG ... ÄHM ... JA WAS EIGENTLICH?
JEDENFALLS IST ES GUT, JETZT HEIMZUKEHREN.

Und jetzt sagst du uns bestimmt, dass die Rückkehr im Prinzip unmöglich ist, aber dass es in unserer Simulation einen speziellen Knopf dafür gibt.
Oder?
Zwinker
Aber nein! Diesmal brauchen wir keinen Extraknopf. Da wir ein Photon ausserhalb der Raumzeit sind …
… sollten wir im Handumdrehen in egal welche Scheibe des Raumzeitblocks zurückkehren können!
So macht es das Licht: Es spaziert in null Sekunden an den gewünschten Ort.
Also zurück nach Hause, in unsere Ecke des Landes, ins 21. Jahrhundert …
… in null Sekunden.
Willkommen daheim!
Hier sind kühle Getränke.
Und, war die Reise lehrreich?
Ja! Wir haben gelernt, dass man das Universum in einer Sockenschublade verstauen kann.
Was praktisch ist … und zugleich sehr verstörend!
Das eröffnet eine ganz neue Sicht auf den Begriff „Lokalität“ …
… und auf den Zeit-Begriff!
Ich habe noch seltsamere Sichtweisen auf Lager!
Wenn ihr ausgetrunken habt, können wir nochmal auf die Piste gehen!
Ich weiss nicht, ob „Piste“ hier das passende Wort ist …

Und wohin geht's diesmal? Das ganze Universum ist ja schon abgehakt!
... mit seinen Vororten sogar!
Tümplingen ist auch schon abgehakt.
Fast! Die Höhlen haben wir noch nicht besucht!
Das schränkt die Auswahl ein.
Auf jeden Fall wird es schwierig, uns noch mehr zu überraschen.
Urteilt selbst!
Jetzt sind wir wieder an Bord. Willkommen! Diesmal werden wir in den Quantenmodus übergehen. Und dafür gibt es ...
... einen speziellen Knopf!
Genau! Wir werden virtuell unsere Grösse ändern, um uns den Gesetzen zu beugen, die den Lauf des unendlich Kleinen bestimmen ... den Quantengesetzen!
Klick!
Unser Raumschiff wird zum authentischen Photon: unendlich klein!
Photonen, Elektronen, Quarks und alle Teilchen der Nanowelt zeigen dasselbe Verhalten: Sie sind ein Quantenozean aus unzähligen Wellen, der das ganze Universum ausfüllt.
Das heisst?
Als Photon sind wir eine Welle, eine grosse Welle – überall und zugleich nirgends.
Als könnte ein einziges Wassertröpfchen aus sich selbst einen Ozean bilden. Wir, der Wassertropfen, sind dieser Ozean.
Wir können uns **überlagern**. Wir schwenken auf diesen Planeten gleichzeitig nach links, rechts, oben und unten.

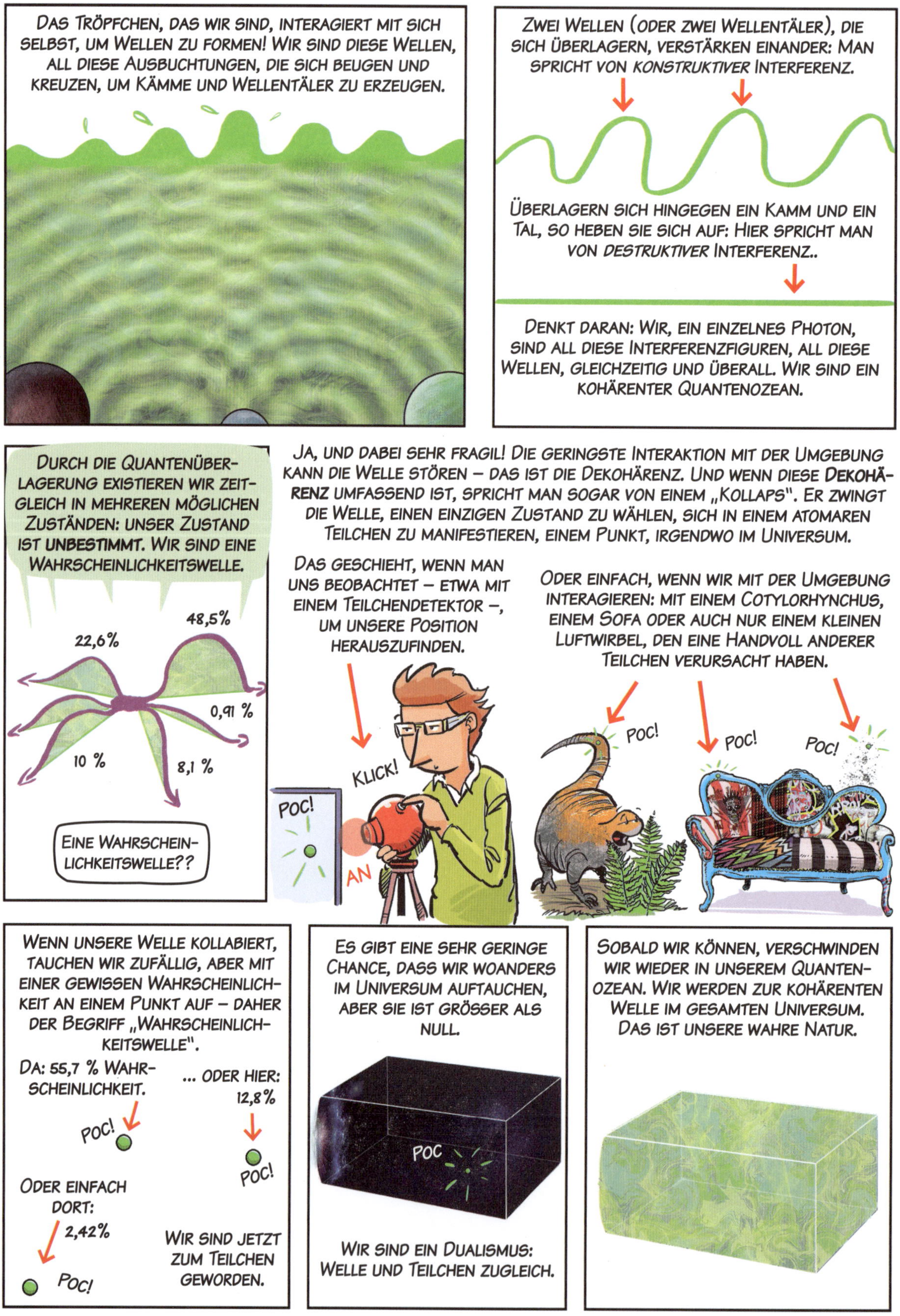
DAS TRÖPFCHEN, DAS WIR SIND, INTERAGIERT MIT SICH SELBST, UM WELLEN ZU FORMEN! WIR SIND DIESE WELLEN, ALL DIESE AUSBUCHTUNGEN, DIE SICH BEUGEN UND KREUZEN, UM KÄMME UND WELLENTÄLER ZU ERZEUGEN.
ZWEI WELLEN (ODER ZWEI WELLENTÄLER), DIE SICH ÜBERLAGERN, VERSTÄRKEN EINANDER: MAN SPRICHT VON KONSTRUKTIVER INTERFERENZ.
ÜBERLAGERN SICH HINGEGEN EIN KAMM UND EIN TAL, SO HEBEN SIE SICH AUF: HIER SPRICHT MAN VON DESTRUKTIVER INTERFERENZ..
DENKT DARAN: WIR, EIN EINZELNES PHOTON, SIND ALL DIESE INTERFERENZFIGUREN, ALL DIESE WELLEN, GLEICHZEITIG UND ÜBERALL. WIR SIND EIN KOHÄRENTER QUANTENOZEAN.
DURCH DIE QUANTENÜBERLAGERUNG EXISTIEREN WIR ZEITGLEICH IN MEHREREN MÖGLICHEN ZUSTÄNDEN: UNSER ZUSTAND IST UNBESTIMMT. WIR SIND EINE WAHRSCHEINLICHKEITSWELLE.
48,5%
22,6%
0,91 %
10 %
8,1 %
EINE WAHRSCHEINLICHKEITSWELLE??
JA, UND DABEI SEHR FRAGIL! DIE GERINGSTE INTERAKTION MIT DER UMGEBUNG KANN DIE WELLE STÖREN – DAS IST DIE DEKOHÄRENZ. UND WENN DIESE DEKOHÄRENZ UMFASSEND IST, SPRICHT MAN SOGAR VON EINEM „KOLLAPS". ER ZWINGT DIE WELLE, EINEN EINZIGEN ZUSTAND ZU WÄHLEN, SICH IN EINEM ATOMAREN TEILCHEN ZU MANIFESTIEREN, EINEM PUNKT, IRGENDWO IM UNIVERSUM.
DAS GESCHIEHT, WENN MAN UNS BEOBACHTET – ETWA MIT EINEM TEILCHENDETEKTOR –, UM UNSERE POSITION HERAUSZUFINDEN.
KLICK!
POC!
AN
ODER EINFACH, WENN WIR MIT DER UMGEBUNG INTERAGIEREN: MIT EINEM COTYLORHYNCHUS, EINEM SOFA ODER AUCH NUR EINEM KLEINEN LUFTWIRBEL, DEN EINE HANDVOLL ANDERER TEILCHEN VERURSACHT HABEN.
POC!
POC!
POC!
WENN UNSERE WELLE KOLLABIERT, TAUCHEN WIR ZUFÄLLIG, ABER MIT EINER GEWISSEN WAHRSCHEINLICHKEIT AN EINEM PUNKT AUF – DAHER DER BEGRIFF „WAHRSCHEINLICHKEITSWELLE".
DA: 55,7 % WAHRSCHEINLICHKEIT.
... ODER HIER: 12,8%
POC!
POC!
ODER EINFACH DORT:
2,42%
POC!
WIR SIND JETZT ZUM TEILCHEN GEWORDEN.
ES GIBT EINE SEHR GERINGE CHANCE, DASS WIR WOANDERS IM UNIVERSUM AUFTAUCHEN, ABER SIE IST GRÖSSER ALS NULL.
POC
WIR SIND EIN DUALISMUS: WELLE UND TEILCHEN ZUGLEICH.
SOBALD WIR KÖNNEN, VERSCHWINDEN WIR WIEDER IN UNSEREM QUANTENOZEAN. WIR WERDEN ZUR KOHÄRENTEN WELLE IM GESAMTEN UNIVERSUM. DAS IST UNSERE WAHRE NATUR.

TEILCHEN/WELLE UND UMGEKEHRT – WIR SCHWANKEN VON EINEM ZUSTAND IN DEN ANDEREN.
RÜLPS
RÜLPS
RÜLPS
JA, GENAU, SCHWANKEN ... WENN WIR DIESE ... RÜLPS ... VORFÜHRUNG ABKÜRZEN KÖNNTEN ... DAS KÄME MIR ENTGEGEN!
OKAY, KEHREN WIR IN DIE MAKROSKOPISCHE WELT ZURÜCK.
AUS
AUS
DURCH BEOBACHTUNG ODER INTERAKTION MIT UNSERER MAKROSKOPISCHEN WELT KOLLABIERT DIE WELLE. DIE DEKOHÄRENZ LÄSST UNS ZUM TEILCHEN AN EINEM BESTIMMTEN ORT WERDEN.
AN
AN
POC!
WIR ERSCHEINEN DORT, WO DIE WAHRSCHEINLICHKEIT DAFÜR GROSS WAR. ALSO GENAU HIER.
UND HOPP, NUN WERDEN WIR WIEDER EIN MAKROOBJEKT.
KLICK!
AH JA, DER SPEZIELLE KNOPF, ODER?
PLOPP
ICH MUSS ZUGEBEN, DAS WAR ECHT ERSTAUNLICH!
RÜLPS
UNGLAUBLICH, EURE SIMULATION. WIE MACHT IHR DAS BLOSS?
HAHA, WIR VERRATEN NICHT ALLE UNSERE GEHEIMNISSE!
ALSO, WENN ICH RICHTIG VERSTANDEN HABE: EIN PHOTON, ELEKTRON ODER SONSTIGES TEILCHEN IST EINE WELLE. UND DIE KOLLABIERT BEI „BEOBACHTUNG“. DANN TAUCHT DAS TEILCHEN PLÖTZLICH ZUFÄLLIG, ABER MIT EINER BESTIMMTEN WAHRSCHEINLICHKEIT AN EINEM BESTIMMTEN PUNKT AUF.
POC
SO IST ES!
ABER WAS WIRD AUS DEN ANDEREN WAHRSCHEINLICHKEITEN DER WELLE?
JA, DAS IST EIN MYSTERIUM ...
UND WAS VERSTEHT MAN UNTER „BEOBACHTEN“, „MESSEN“ ODER „INTERAKTION MIT DER UMGEBUNG“?

WIR WISSEN IMMER NOCH NICHT GENAU, WAS EINE „MESSUNG“ AUSMACHT! OBWOHL SEIT DER ENTDECKUNG DER QUANTENPHYSIK MEHR ALS EIN JAHRHUNDERT VERGANGEN IST!
WIR WISSEN NUR, DASS DIE „BEOBACHTETE“ QUANTENWELLE ZU EINEM BESTIMMTEN MOMENT AUF MAKROSKOPISCHER EBENE ZUSAMMENBRICHT. DANN ERSCHEINEN DIE TEILCHEN AN EINEM EINZIGEN ORT.
ÄHM ... WIE MUSS MAN SICH SO EINE „KOLLABIERENDE“ QUANTENWELLE VORSTELLEN?
UM DARAUF ANTWORTEN ZU KÖNNEN, MÜSSTE MAN IHRE BESCHAFFENHEIT KENNEN.
LEIDER KÖNNEN WIR DIE BESCHAFFENHEIT DER QUANTENWELLE ABER NICHT ERKENNEN, DENN SOBALD WIR VERSUCHEN, SIE ZU MESSEN ... VERSCHWINDET SIE JA!
KLICK
AN
DIE WELLE, VON DER WIR SPRECHEN, IST NUR EIN MATHEMATISCHES MODELL.
ES IST EINE HILFSKONSTRUKTION. DIE BEGRIFFE „WELLE“, „KOLLAPS“ ODER „ÜBERLAGERUNG“ SIND ALLESAMT NUR VAGE ANALOGIEN, MIT DENEN WIR VERSUCHEN, PHÄNOMENE ZU BESCHREIBEN, DEREN BESCHAFFENHEIT UNS ... TOTAL UNBEKANNT IST!
DAS IST DAS PROBLEM MIT DER QUANTENWELT: WIR VERWENDEN ALLTAGSBEGRIFFE, UM EINE WELT ZU DEFINIEREN, DIE SICH ALLEN VERTRAUTEN ANHALTSPUNKTEN ENTZIEHT.
IRONISCHERWEISE GEHÖRT DIE QUANTENWELT ABER DURCHAUS ZU UNSERER REALITÄT.
WIR SIND AUS ALL DIESEN TEILCHEN GEMACHT. UND DIE ATOME GEHORCHEN DEN QUANTENGESETZEN.
ACH JA, UND WENN MAN DIE ATOME WIE PLANETEN DARSTELLT – MIT KÜGELCHEN AUF UMLAUFBAHNEN –, IST DAS GEWISS PRAKTISCH ... ABER FALSCH!
WIR SOLLTEN DIE REALITÄT ALS RIESIGE UNIVERSELLE QUANTENWELLE BETRACHTEN.

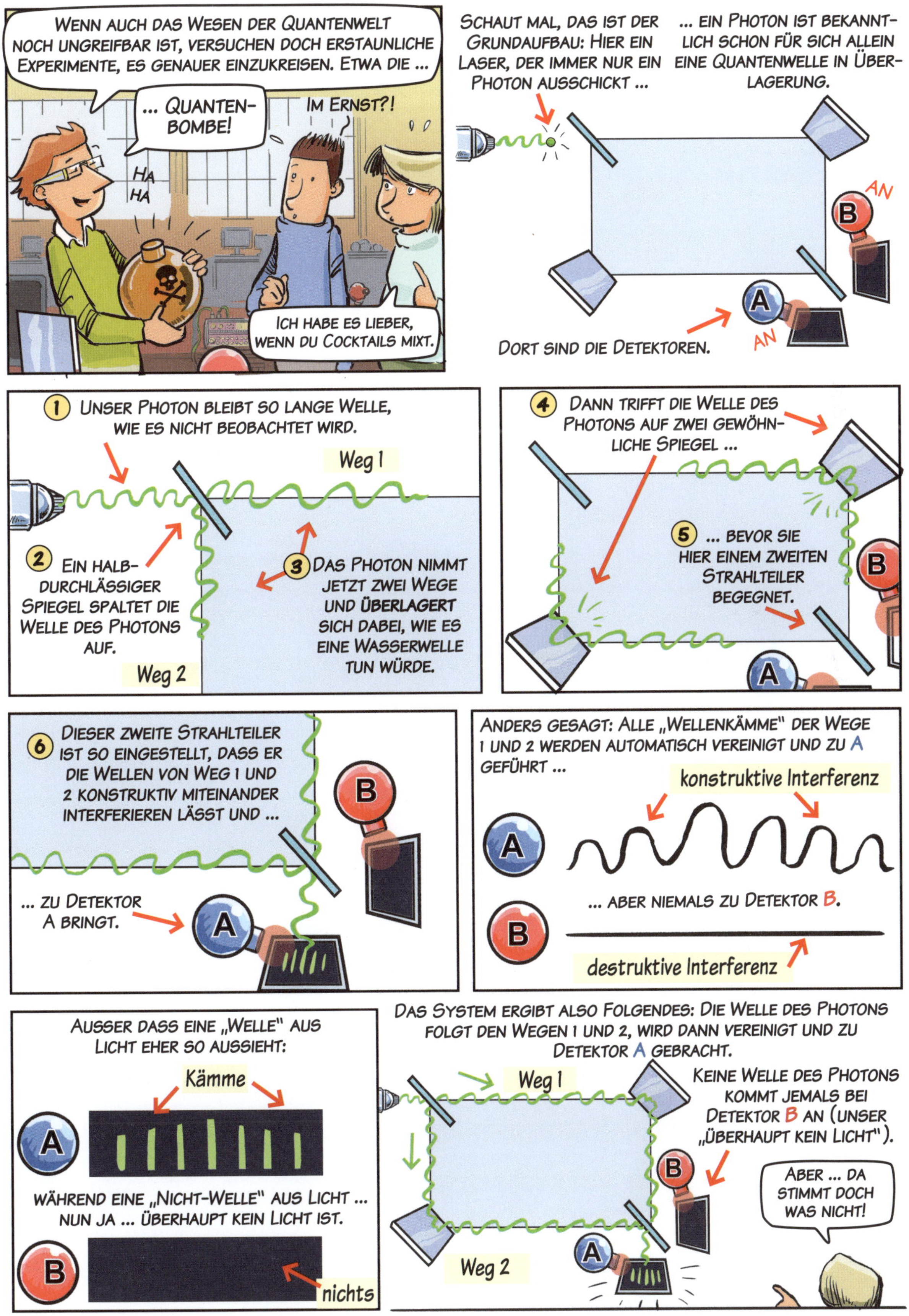
WENN AUCH DAS WESEN DER QUANTENWELT NOCH UNGREIFBAR IST, VERSUCHEN DOCH ERSTAUNLICHE EXPERIMENTE, ES GENAUER EINZUKREISEN. ETWA DIE ...
... QUANTEN-BOMBE!
HA HA
IM ERNST?!
ICH HABE ES LIEBER, WENN DU COCKTAILS MIXT.
SCHAUT MAL, DAS IST DER GRUNDAUFBAU: HIER EIN LASER, DER IMMER NUR EIN PHOTON AUSSCHICKT ...
... EIN PHOTON IST BEKANNTLICH SCHON FÜR SICH ALLEIN EINE QUANTENWELLE IN ÜBERLAGERUNG.
AN
B
A
AN
DORT SIND DIE DETEKTOREN.
1 UNSER PHOTON BLEIBT SO LANGE WELLE, WIE ES NICHT BEOBACHTET WIRD.
Weg 1
2 EIN HALBDURCHLÄSSIGER SPIEGEL SPALTET DIE WELLE DES PHOTONS AUF.
3 DAS PHOTON NIMMT JETZT ZWEI WEGE UND ÜBERLAGERT SICH DABEI, WIE ES EINE WASSERWELLE TUN WÜRDE.
Weg 2
4 DANN TRIFFT DIE WELLE DES PHOTONS AUF ZWEI GEWÖHNLICHE SPIEGEL ...
5 ... BEVOR SIE HIER EINEM ZWEITEN STRAHLTEILER BEGEGNET.
B
A
6 DIESER ZWEITE STRAHLTEILER IST SO EINGESTELLT, DASS ER DIE WELLEN VON WEG 1 UND 2 KONSTRUKTIV MITEINANDER INTERFERIEREN LÄSST UND ...
B
... ZU DETEKTOR A BRINGT.
A
ANDERS GESAGT: ALLE „WELLENKÄMME" DER WEGE 1 UND 2 WERDEN AUTOMATISCH VEREINIGT UND ZU A GEFÜHRT ...
konstruktive Interferenz
A
... ABER NIEMALS ZU DETEKTOR B.
B
destruktive Interferenz
AUSSER DASS EINE „WELLE" AUS LICHT EHER SO AUSSIEHT:
Kämme
A
WÄHREND EINE „NICHT-WELLE" AUS LICHT ... NUN JA ... ÜBERHAUPT KEIN LICHT IST.
B
nichts
DAS SYSTEM ERGIBT ALSO FOLGENDES: DIE WELLE DES PHOTONS FOLGT DEN WEGEN 1 UND 2, WIRD DANN VEREINIGT UND ZU DETEKTOR A GEBRACHT.
Weg 1
KEINE WELLE DES PHOTONS KOMMT JEMALS BEI DETEKTOR B AN (UNSER „ÜBERHAUPT KEIN LICHT").
B
A
Weg 2
ABER ... DA STIMMT DOCH WAS NICHT!

DIE DETEKTOREN SIND EINGESCHALTET: SIE NEHMEN ALSO EINE MESSUNG VOR, ODER? UND WO EINE MESSUNG IST, SOLLTE DIE WELLE DOCH EIGENTLICH KOLLABIEREN UND SICH AN EINEM BESTIMMTEN PUNKT VERKÖRPERN?
ABER HIER KOLLABIERT DIE WELLE NICHT!
AN
A
B
WAS ICH SAGEN WILL: AUFGRUND DER MESSUNG SOLLTE DAS PHOTON DOCH ZUM TEILCHEN WERDEN, DAS ...
... ENTWEDER WEG 1 NIMMT ...
... ODER WEG 2, DORT ENTLANG, ODER?!
Weg 1
Weg 2
POC!
UND WENN DAS PHOTON KEINE WELLE MEHR IST (ALSO KEINE KÄMME UND TÄLER MEHR ERZEUGT), MUSS ES NICHT UNBEDINGT ZU DETEKTOR A GEHEN, SONDERN KANN AUCH ZU DETEKTOR B ABDRIFTEN.
NEIN, ZOÉ! EINE MESSUNG GENÜGT NICHT! DAMIT DIE WELLE KOLLABIERT, MUSS DIESE MESSUNG EINE INFORMATION LIEFERN, DIE DEN WEG DES PHOTONS ANGIBT. ABER SCHAU MAL ...
Weg 1 50%
Weg 2 50%
... DAS PHOTON HAT 50 % WAHRSCHEINLICHKEIT, ÜBER WEG 1 ZU KOMMEN, UND AUCH 50 %, ÜBER WEG 2 ZU KOMMEN.
UND WENN MAN DEN DETEKTOR A HINTER DEN LETZTEN STRAHLTEILER PLATZIERT, KANN ER KEINE INFORMATION ÜBER DEN ZURÜCKGELEGTEN WEG DES PHOTONS ERHALTEN!
FOLGLICH BLEIBT DIE WELLE DES PHOTONS INTAKT.
TROTZ DES EINGESCHALTETEN DETEKTORS IST ES SO, ALS WÜRDE DAS PHOTON „WISSEN", DASS KEINE INFORMATION ÜBERMITTELT WURDE. UND SO KOLLABIERT SEINE WELLENFUNKTION NICHT.
JA, EINE SELTSAMKEIT DER QUANTENWELT!
UND NICHT DIE EINZIGE!
AN
WIR WERDEN ES AN DIESER BOMBE SEHEN, DIE ICH HIER AUF WEG 1 LEGE.
WENN ES EINE ECHTE BOMBE IST UND DAS PHOTON AUF SIE TRIFFT, WIRD SIE EXPLODIEREN!
KLOCK
ABER VIELLEICHT IST ES EINE FAKE-BOMBE? MAN KANN ES NICHT WISSEN, OHNE IHR INNERES ZU ANALYSIEREN!
WENN DIE BOMBE EIN FAKE IST, ÄNDERT SICH NICHTS. DAS PHOTON INTERAGIERT MIT IHR NICHT.
KEINE INFORMATION WIRD ÜBERMITTELT, UND SO BLEIBT DIE WELLENFUNKTION BESTEHEN. DAS PHOTON TAUCHT IMMER NOCH AM DETEKTOR A AUF.

IST ES ABER EINE RICHTIGE BOMBE, DANN WIRD SIE SELBST ZUM DETEKTOR, DENN SIE LIEFERT EINE INFORMATION ÜBER DEN PFAD DES PHOTONS. NUN KOLLABIERT DIE WELLE! DAS PHOTON BEWEGT SICH ALSO AUF WEG 1 ODER WEG 2 UND NICHT MEHR IN ÜBERLAGERUNG AUF BEIDEN WEGEN.
Weg 1
BUMM
B
WENN DAS PHOTON ÜBER WEG 1 KOMMT, GEHT DIE BOMBE HOCH.
INTERESSANT WIRD ES, WENN DAS PHOTON WEG 2 EINSCHLÄGT, ALSO IN 50 % DER FÄLLE. JETZT KOMMT VON WEG 1 KEINE WELLE MEHR, UM SICH SYSTEMATISCH WIEDERZUVERBINDEN UND DETEKTOR A ANZUSTEUERN.
AM ZWEITEN STRAHLTEILER ÜBERLAGERT SICH DAS PHOTON, UM NACH A ZU GEHEN ... ABER DIESMAL AUCH NACH B!
IN B: HÄLFTE VON 50 %, ALSO 25 % DER FÄLLE
B
Weg 2
A
IN A: DIE ANDEREN 25 % ALLER FÄLLE.
FASSEN WIR ZUSAMMEN! WENN ES SICH UM EINE ECHTE BOMBE HANDELT, ZEICHNEN SICH FÜR UNSER PHOTON DREI SZENARIOS AB:
IN 50 % DER FÄLLE
ES LÄSST DIE BOMBE EXPLODIEREN.
IN 25 % DER FÄLLE
ES GEHT ZU DETEKTOR A = DIE BOMBE IST ECHT ODER EIN FAKE.
IN 25 % DER FÄLLE
ES GEHT ZU DETEKTOR B = GEFAHR, ECHTE BOMBE!
DAS PHOTON KANN NUR ZU B GEHEN, WENN DIE BOMBE ECHT IST (= DETEKTOR UND DAMIT WELLENKOLLAPS, SIEHE KÄSTCHEN 1) UND NICHT EXPLODIERTE (WEG 2)!
ANDERS GESAGT: DAS PHOTON LIEFERT UNS EINE INFORMATION ÜBER EINEN PFAD, DEN ES GAR NICHT EINGESCHLAGEN HAT!
DAS PHOTON INFORMIERT UNS DARÜBER, DASS DIE BOMBE ECHT IST. DENNOCH HATTE ES NICHT DIE GERINGSTE INTERAKTION MIT IHR. DIE FRAGE LAUTET: WIE KANN DAS PHOTON DAS „WISSEN"?!
DIES IST EINES DER GEHEIMNISSE DER QUANTENÜBERLAGERUNG.
INDEM ES UNS EINE INFORMATION ÜBER EIN OBJEKT LIEFERT, MIT DEM ES GAR NICHTS ZU TUN HATTE, SCHLÄGT DAS PHOTON EINE BRESCHE IN EINE ... NICHT-LOKALE WELT!
WAS DIE KLASSISCHE PHYSIK EXPLODIEREN LÄSST.
ÖH, IST SIE NUN ECHT ODER NICHT??
UND DER TEMPEL DER GEHEILIGTEN LOKALITÄT UND KAUSALITÄT DES UNIVERSUMS WIRD NOCH VON ANDERER SEITE ERSCHÜTTERT.
KOMMT MAL HER! ICH WILL EUCH UNSERE MINI-KUGELDROHNEN ZEIGEN.
?
?

* Eine Art Drehung der Teilchen um sich selbst, aber es gibt dafür kein Äquivalent in der klassischen Physik.

* Der Brite Artur Ekert und der Schweizer Nicolas Gisin hätten ebenfalls auf der Preisträgerliste stehen können.

ES IST, ALS WÄRE DIESE DROHNE AN EINEM ENDE DES UNIVERSUMS ...
... UND DIE ZWEITE AM ANDEREN ENDE ...
MEINE GÜTE, ZGGMUX! WAS IST DAS DA FÜR EIN DINGSBUMS? ICH HAB DIR GESAGT, DU SOLLST DEIN ZIMMER AUFRÄUMEN!
ABER MAMA ...
... UND ALS WÜRDEN SICH BEIDE AUGENBLICKLICH OHNE KOMMUNIKATION UND OHNE VORGEFERTIGTES PROGRAMM MITEINANDER SYNCHRONISIEREN! NICHTS! DIE VERSCHRÄNKTEN TEILCHEN HABEN ... EINE FERNKORRELATION.
ANDERES ENDE DES UNIVERSUMS
ÄHM ... ABER WIE MACHEN SIE DAS MIT DER SYNCHRONISATION??
IN EINEM VERSCHRÄNKTEN SYSTEM SIND DIE TEILCHEN MITEINANDER VERWOBEN. ALLE IHRE EIGENSCHAFTEN SIND UNUNTERSCHEIDBAR. SIE BILDEN EINE EINZIGE MATHEMATISCHE MENGE. ALS WÄREN SIE NUR ...
... EIN EINZIGES!
OOOKAY ...
ALSO KEINE KOMMUNIKATION, KEINE PROGRAMMIERUNG ...
HMM ...
ABER ... WIE KRIEGEN SIE ES HIN, „NUR EIN EINZIGES" ZU SEIN? ICH MEINE, GANZ KONKRET??
DAS WEISS MAN NICHT! ES BLEIBT EIN GEHEIMNIS.
ALLE TEILCHEN DER QUANTENNANOWELT, DIE ATOME INBEGRIFFEN, KÖNNEN VERSCHRÄNKT SEIN ... NICHT NUR ZWEI, SONDERN MEHRERE, NACHDEM SIE KONTAKT MITEINANDER HATTEN.
GIBT ES EINE HÖCHSTGRENZE DER VERSCHRÄNKTEN TEILCHEN? UND WO LIEGT DIE GRENZE ZWISCHEN DEM BEREICH DER QUANTEN UND UNSERER MAKROWELT?

THEORETISCH GIBT ES DA KEINE GRENZE. UND MAN KANN SO VIELE TEILCHEN MITEINANDER VERSCHRÄNKEN, WIE MAN WILL. VIELLEICHT IST JA SOGAR DAS GANZE UNIVERSUM VERSCHRÄNKT.
DAS NÄMLICH ZIEHT DER US-AMERIKANISCHE THEORETISCHE PHYSIKER MICHIO KAKU IN ERWÄGUNG: „ES GIBT EINE ‚KOSMISCHE' VERSCHRÄNKUNG ZWISCHEN JEDEM ATOM UNSERES KÖRPERS UND DEN ATOMEN, DIE LICHTJAHRE ENTFERNT SIND. DA DIE GESAMTE MATERIE AUS EINER EINZIGEN EXPLOSION, DEM URKNALL, HERVORGEGANGEN IST, SIND DIE ATOME UNSERES KÖRPERS IN GEWISSER WEISE MIT DEN ATOMEN AM ANDEREN ENDE DES UNIVERSUMS IN EINER ART VON KOSMISCHEM QUANTENGEWEBE VERBUNDEN."
JOHN BELL, DER MANN AM URSPRUNG DER VERSCHRÄNKUNGSEXPERIMENTE, BEFAND SEINERSEITS, DASS „MIT DER QUANTENMECHANIK KEIN BEGRIFF VON LOKALITÄT MEHR ZU FUNKTIONIEREN SCHEINT".
NUR RUHIG BLUT, ALLES WIRD GUT.
TAPP TAPP
CERN
SEITDEM HAT IHM KEIN EXPERIMENT WIDERSPROCHEN. IM GEGENTEIL! MAN HAT ES BEI DER QUANTENBOMBE GESEHEN. UND EIN WEITERES BEISPIEL IST DAS „QUANTUM SWITCH"-EXPERIMENT.
DER QUANTUM SWITCH BRINGT NICHT NUR DAS PRINZIP DER LOKALITÄT INS WANKEN, SONDERN VERSETZT AUCH DEM PRINZIP DER KAUSALITÄT EINEN HEFTIGEN FUSSTRITT.
WAS NICHT SO LEICHT IST, HIHI!
MAX, STELL DIR VOR, DU WÄRST IN EINEM UNBESTIMMTEN QUANTENZUSTAND – WIE VORHIN UNSER PHOTON.
ICH?! ÄHM ... BIST DU SICHER, DASS DAS EINE GUTE IDEE IST?
JA. SAGEN WIR, DU BIST IN EINER **ZUSTANDSÜBERLAGERUNG**. DU BIST ÜBERALL ZUGLEICH, WIE ES EIN PHOTON SEIN KANN. DEINE POSITION IST UNBESTIMMT.
ABER DAS IST DAS LETZTE MAL, OKAY?
BEI DEN ZUSTÄNDEN EINES PHOTONS WÄRE DAS AUCH EINE ÜBERLAGERUNG DER POLARISATION ODER DER ENERGIE ...
... ABER BEI DIR IST ES, ALS WÄRST DU ZUR GLEICHEN ZEIT WACH UND EINGESCHLAFEN, HUNGRIG UND SATT USW. DU BIST IN EINEM UNBESTIMMTEN QUANTENZUSTAND.
RÜLPS
AH JA, ICH HABE HUNGER. ABER AUCH WIEDER ... *RÜLPS* ... NICHT WIRKLICH.
RÜLPS

STELLEN WIR UNS JETZT EINEN ZEITSTRAHL VOR MIT EINER ETAPPE A (EIN ERDBEERTÖRTCHEN ESSEN) UND EINER ETAPPE B (EINE BLÄTTERTEIGSCHNITTE ESSEN).
HIERBEI MUSS DIE REIHENFOLGE BEACHTET WERDEN: MAN MACHT ERST A, DANN B – ODER ABER ERST B, DANN A.
A
B
ABER JETZT IST ES, ALS WÜRDE MAX – AUSSER DASS ER IN EINER ZUSTANDSÜBERLAGERUNG IST – AUCH NOCH „A, DANN B" UND GLEICHZEITIG „B, DANN A" MACHEN KÖNNEN. MIT ANDEREN WORTEN: DIE KAUSALE REIHENFOLGE DER EREIGNISSE IST UNBESTIMMT.
GENAU DAS IST DIE VERANSCHAULICHUNG DES QUANTUM SWITCH. DIE TEILCHEN – ETWA DIE PHOTONEN – BEFINDEN SICH NICHT NUR IN **ZUSTANDSÜBERLAGERUNG**, SONDERN DIE PROZESSE KÖNNEN AUCH AUF EINE **ÜBERLAGERUNG DER REIHENFOLGE** ANGEWENDET WERDEN: „ERST A, DANN B" UND ZUGLEICH „ERST B, DANN A". EINE OHRFEIGE FÜR DIE KAUSALITÄT!
CRUNCH
KAU
CRUNCH
UND ... FALLS DAS DIE WISSENSCHAFT VORANBRINGT: ICH BEVORZUGE DAS ERDBEERTÖRTCHEN.
AUCH DIE ZUSTÄNDE DER MATERIE KÖNNEN MIT DEN QUANTENBIZARRERIEN UND DER NICHT-LOKALITÄT FLIRTEN, SOGAR BEI „GROSSEN", SICHTBAREN OBJEKTEN AUS MILLIARDEN VON ATOMEN. DAS IST DER FALL BEI DEN **BOSE-EINSTEIN-KONDENSATEN**.
DAS SIND ATOME, DIE BESTIMMTE ARTEN VON GAS BILDEN.
WENN MAN SIE BIS FAST AUF DEN ABSOLUTEN NULLPUNKT (MINUS 273 GRAD) HINUNTERKÜHLT, BILDEN DIESE ATOME SCHLIESSLICH EINE EINZIGE WELLE. SIE SIND JETZT NUR NOCH EINES!
IST DAS EINE FORM VON VERSCHRÄNKUNG?
NEIN, EHER EIN KOLLEKTIVES PHÄNOMEN, SOGAR IN ABWESENHEIT VON ECHTEN INTERAKTIONEN ZWISCHEN TEILCHEN. WENN DIE TEMPERATUR WIEDER ANSTEIGT, FINDEN DIE ATOME ZU IHRER INDIVIDUALITÄT ZURÜCK.
ABER ES IST TROTZDEM EIN VERBLÜFFENDER GEDANKE: WENN MAN DIE TEMPERATUR VON „MATERIESTÜCKCHEN" NUR GENÜGEND SENKT, DANN BILDEN DIESE PLÖTZLICH EINE WESENSEINHEIT.
WILL JEMAND WAS VOM TÖRTCHEN?
... ÄHM ... HÄTTE JEMAND GEWOLLT?

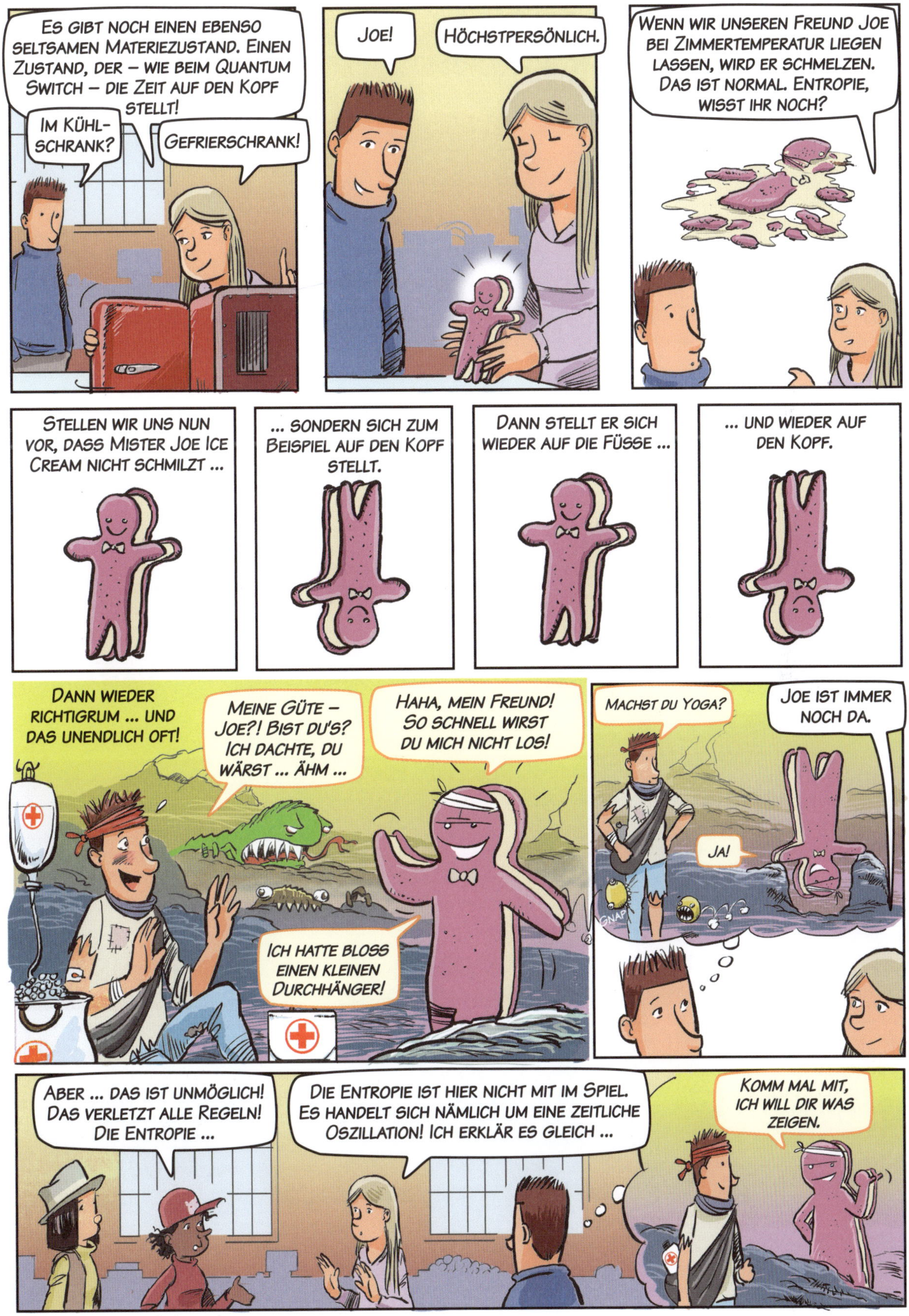
ES GIBT NOCH EINEN EBENSO SELTSAMEN MATERIEZUSTAND. EINEN ZUSTAND, DER – WIE BEIM QUANTUM SWITCH – DIE ZEIT AUF DEN KOPF STELLT!
IM KÜHLSCHRANK?
GEFRIERSCHRANK!
JOE!
HÖCHSTPERSÖNLICH.
WENN WIR UNSEREN FREUND JOE BEI ZIMMERTEMPERATUR LIEGEN LASSEN, WIRD ER SCHMELZEN. DAS IST NORMAL. ENTROPIE, WISST IHR NOCH?
STELLEN WIR UNS NUN VOR, DASS MISTER JOE ICE CREAM NICHT SCHMILZT ...
... SONDERN SICH ZUM BEISPIEL AUF DEN KOPF STELLT.
DANN STELLT ER SICH WIEDER AUF DIE FÜSSE ...
... UND WIEDER AUF DEN KOPF.
DANN WIEDER RICHTIGRUM ... UND DAS UNENDLICH OFT!
MEINE GÜTE – JOE?! BIST DU'S? ICH DACHTE, DU WÄRST ... ÄHM ...
HAHA, MEIN FREUND! SO SCHNELL WIRST DU MICH NICHT LOS!
ICH HATTE BLOSS EINEN KLEINEN DURCHHÄNGER!
MACHST DU YOGA?
JOE IST IMMER NOCH DA.
JA!
GNAP
ABER ... DAS IST UNMÖGLICH! DAS VERLETZT ALLE REGELN! DIE ENTROPIE ...
DIE ENTROPIE IST HIER NICHT MIT IM SPIEL. ES HANDELT SICH NÄMLICH UM EINE ZEITLICHE OSZILLATION! ICH ERKLÄR ES GLEICH ...
KOMM MAL MIT, ICH WILL DIR WAS ZEIGEN.

Es existiert ein Materiezustand, der vom Physik-Nobelpreisträger Frank Wilczek theoretisch gefasst wurde. Ein Zustand, der die Zeit zu überwinden scheint: der Zeitkristall!
Oooh
Cool, was?
Oooh
Wow!
Man hielt es für unmöglich, so etwas umzusetzen, und doch wurde vor einigen Jahren eine seiner Formen, der „diskrete Zeitkristall", experimentell nachvollzogen.
Ich hab dies kleine Ding mit'm Kristall heimlich zusammengebaut.
Es ermöglicht uns Zeitreisen.
Waas? Zeitrei...?!?
*@#! Du ... ich ...
Okay, ich weiss, es ist noch nicht ganz ausgereift. Ich hatte keine Zeit, es zu perfektionieren.
Gut, wohin willst du reisen? Und vor allem: wann? Haha ...
Träumt bloss nicht zu sehr! Der Zeitkristall lässt einen nicht wirklich in der Zeit reisen. Alles passiert im unendlich Kleinen mit Elektronen.
Elektron
Oszillationen von Spins, dieser Art von Rotation der Elektronen um sich selbst, werden am Ende zu „Spin Up" oder „Spin Down".
Ah!
Elektronen-Spins
Kruik! ‚Down'
Boing!
Toing! ‚Up'
Es ist nicht wirklich von praktischem Nutzen und ähnelt auch gar nicht einem Kristall. Im Grunde hat es mit ...
... so ziemlich gar nichts Ähnlichkeit.
Ah
Kruik!
Boing!
Toing! ‚Down'
Toing!
Na schön ... Wofür ist es also gut?
Nun, anders als ein natürlicher Kristall wie dieser hier, dessen atomare Struktur sich im Raum wiederholt ...
... wiederholt sich der Zeitkristall in der Zeit: Er zerbricht die Symmetrie der Zeit!
??
?
Verrückt, oder?
Haha!

Nicht so beim Zeitkristall: Die Oszillation der Elektronenspins scheint eine *Erinnerung* an frühere Zustände zu bewahren. Sie wiederholt sich in der Zeit ohne jede Zufuhr oder Emission von Energie!

Die Elektronen sind stabil – in einer Gleichgewichtsposition – und ändern trotzdem ständig ihren Zustand.

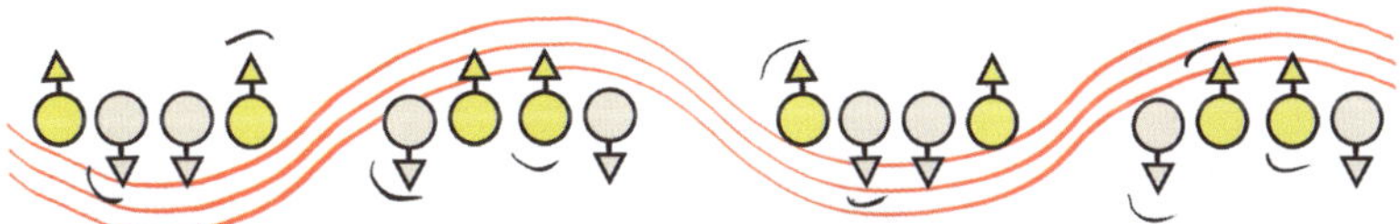

Das ist so, als wäre Joe in eine Art von zeitlicher Oszillation geraten, ohne Entropie zu erzeugen.

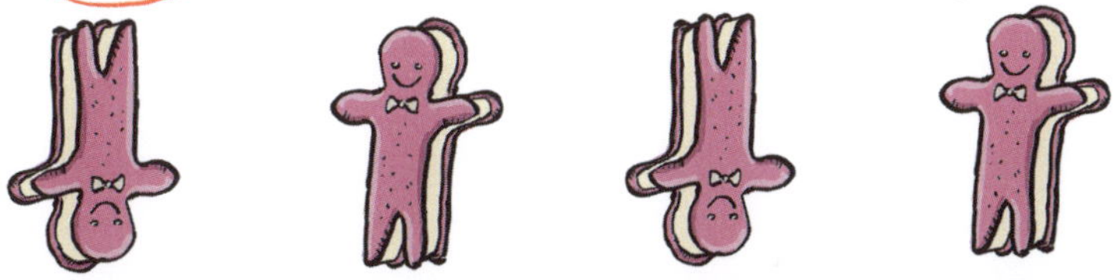

Kapitel 10

REALITÄT UND BEWUSSTSEIN

„Die Herausforderung liegt darin, Ihnen zu zeigen, dass Ava ein Roboter ist, und zu sehen, ob Sie trotzdem den Eindruck haben, sie hätte ein Bewusstsein."

Nathan zu Caleb in Alex Garlands Film *Ex Machina*

Die wahrgenommene Realität scheint selbst nur die Fragmentierung einer universalen Quantenwelle zu sein – in Gestalt von Energie- und Materiequanten. Eine Welle, deren Elemente korreliert und verschränkt sind. Ein „nicht-lokales" und „nicht-kausales" Universum, in dem der Zeitpfeil hin und her pendelt.
Auch der Rahmen, in dem wir herumtollen, schwankt beständig. Die Relativitätsgesetze lehren uns, dass sich die Raumzeit krümmen, verdrehen oder in einem einzigen Punkt zusammenschrumpfen kann. Und die Photonen, die Träger elementarer Energie, die unsere Welt erschaffen, scheinen außerhalb von Raum und Zeit unterwegs zu sein!
Seither fragen sich immer mehr Forscher: Sind Raum und Zeit wirklich grundlegende Merkmale unseres Universums? Das ist eine ernste Sache – immerhin könnte unsere Raumzeit auch nur eine Illusion sein, die eine tiefere Realität verbirgt.
IST DAS EIN WITZ? RAUM UND ZEIT SOLLEN NICHT EXISTIEREN?
SO WIE DER WEIHNACHTSMANN?

* Das ist natürlich eine Übersetzung aus der alten Hominidensprache.

DIE AUSSENWELT WEIST WEDER FARBE NOCH MUSIK, TEXTUR, MUSTER ODER GERÜCHE AUF. ALLES, WAS WIR WAHRNEHMEN UND EMPFINDEN, WIRD VOM GEHIRN ERSCHAFFEN: ES *INTERPRETIERT* ELEKTROCHEMISCHE SIGNALE.
GROOO-HOCK!
GRRRR
SCHHHH
WAS WIR ALS „TÖNE" ODER „BILDER" BEZEICHNEN, SIND NUR WELLEN: EIN BILD HAT KEINE REALITÄT, ES IST EINE ELEKTROMAGNETISCHE WELLE, DIE VON EINEM PHOTONENSTROM GETRAGEN WIRD. DIESE PHOTONEN KENNEN KEINE ZEIT.
UNSERE SINNE UND FÄHIGKEITEN HABEN SICH NICHT ENTWICKELT, UM UNS DIE „REALITÄT" DES UNIVERSUMS ERKENNEN ZU LASSEN, SONDERN MIT DEM EINZIGEN ZIEL, UNSER ÜBERLEBEN IN EINER MAKROSKOPISCHEN WELT ZU SICHERN.
DIE EVOLUTION HAT IM LAUFE DER GENERATIONEN EINEN GENETISCHEN ANPASSUNGS-ALGORITHMUS AUSGEFORMT UND REGULIERT.
KLICK
KLACK
KLICK
KLACK
KLICK
WIE FÜR UNSERE BLOBS.
ETWA DEN REFLEX DER GESTRÄUBTEN HAARE, DIE UNS GRÖSSER AUSSEHEN LASSEN UND EIN RAUBTIER ERSCHRECKEN KÖNNEN.
AARRRH!!
ODER DEN IMPULS „UND WENN ICH MIR NUN EINEN GROSSEN STEIN SCHNAPPE, STATT WIE BLÖD WEGZURENNEN?", DER VIELLEICHT IRGENDWANN AN IRGENDEINE STELLE UNSERER PSYCHE IMPLANTIERT WURDE.
AUU ...
UND WAS DIE MUSKELZUCKUNGEN VOR DEM EINSCHLAFEN ODER IM SCHLAF ANGEHT, SO KÖNNTEN SIE URSPRÜNGLICH DAZU GEDIENT HABEN, DIE SCHLAFSTELLUNG UNSERER AHNEN AUF DEM BAUM NEU AUSZURICHTEN, DAMIT SIE NICHT HINABFIELEN. VERMUTLICH EIN GENETISCHER TRICK.
PASS BEIM NÄCHSTEN MAL BESSER AUF, GROCK!
UND JETZT, WO WIR IN ALLER RUHE BEI EINER TASSE TEE DISKUTIEREN KÖNNEN, SIND DIE URALTEN REFLEXE NOCH IMMER IN UNSER GENOM EINGESCHRIEBEN.
MAN KANN SIE NICHT EINFACH WEGWERFEN WIE EIN ALTES PAAR SOCKEN!

WIR HABEN DIESE ZUCKUNGEN BEIM EINSCHLAFEN IMMER NOCH ... GENAU WIE DIE GÄNSEHAUT.
NA SCHÖN, DIE HAT IHRE ABSCHRECKENDE WIRKUNG EIN STÜCK WEIT VERLOREN!
HEUTE GIBT ES ZUR ABSCHRECKUNG DEN WEIHNACHTSPULLOVER! HAHA!
UND DAS WIRKT! MAX WURDE ZU WEIHNACHTEN NOCH NIE VON EINEM RAUB-TIER ANGEFALLEN.
?
GEH MIT DEM DING BLOSS NICHT RAUS – DA KRIEGT UNSER NACHBAR ANGST!
OCH, SEINER IST VIELLEICHT NOCH SCHLIMMER.
OKAY, WIR NEHMEN DIE REALITÄT NICHT WIRKLICH WAHR ... ABER WAS IST DIE „REALITÄT“ DA DRAUSSEN DANN EIGENTLICH?!
ES IST UNSERE RAUMZEIT, ODER?! VON DER KÖNNEN WIR UNS NICHT ENTKOPPELN!
t
3D
HM ... WENN ICH AN DAS ANKNÜPFEN DARF, WAS LUCE GESAGT HAT ...
... DANN GIBT ES TATSÄCHLICH KEINE MÖGLICHKEIT, DIE RAUMZEIT SELBST ZU ORTEN!
WIR KÖNNEN NICHT EINMAL DIREKT DIE QUANTEN-WAHRSCHEINLICHKEITSFELDER INNERHALB BESAGTER RAUMZEIT AUFSPÜREN.
DIE NATUR DER FUNDAMENTALEN QUANTENWELLE ENTZIEHT SICH UNS TOTAL, WIE WIR SCHON GESEHEN HABEN.
WIR REGISTRIEREN NUR DAS ERGEBNIS DES KOLLAPSES DER WAHRSCHEINLICHKEITSWELLE. DIESER KOLLAPS IST DER INTERAKTION ZWISCHEN DEN ELEMENTEN GESCHULDET: DIE DEKOHÄRENZ LÄSST INDIVIDUELLE QUANTEN AUFTAUCHEN, NÄMLICH MATERIETEILCHEN (ELEKTRONEN UND QUARKS) UND ENERGIETEILCHEN (PHOTONEN).

UNSERE GEHIRNE BEOBACHTEN DIESE INDIVIDUELLEN QUANTEN UND MACHEN DARAUS ETWAS, WAS EINMAL MEHR NUR EINE INTERPRETATION IST, DIE VON VORN BIS HINTEN IM GEHIRN ENTSTEHT.
WIR SIND EIN PRODUKT DES ÜBERLEBENSKAMPFES. UNSERE WAHRNEHMUNGEN UND FÄHIGKEITEN SIND ÜBER MILLIONEN JAHRE HINWEG AUF DER ERDE GESCHMIEDET WORDEN.
DIE ÄUSSERE REALITÄT IST „ETWAS ANDERES", ABER NICHTS, WAS DEM VON UNS WAHRGENOMMENEN ÄHNELT.
ABER DIE GRUNDGESETZE DER PHYSIK UND ALL DIE ANDEREN ... SIE SIND DOCH REAL, ODER?!
ÄHM, NA JA ... AUCH HIER GILT: DIE GESETZE DER PHYSIK BESCHREIBEN NICHT WIRKLICH DIE REALITÄT, SONDERN UNSERE ERFAHRUNG DER REALITÄT. DAS IST ... NICHT DASSELBE.
WOW, DAMIT WERDE ICH NICHT FERTIG!
ALS ICH MICH NOCH FRAGTE, OB ES DEN WEIHNACHTSMANN GIBT, WAR ALLES EINFACHER.
DA KRIEGE ICH GÄNSEHAUT.
WENN ICH ES RICHTIG VERSTEHE, HABEN WIR UNS EINERSEITS MIT DER WAHRNEHMUNG EINES LOKALEN UNIVERSUMS ENTWICKELT: UNSERE MAKROSKOPISCHE, DETERMINISTISCHE WELT, DIE DEN GESETZEN DER KLASSISCHEN PHYSIK GEHORCHT, BEI DENEN DIE ÄPFEL AUF VORHERSEHBARE WEISE VOM BAUM FALLEN. GESETZE, DIE DURCH EINSTEINS RELATIVITÄTSTHEORIE FÜR DIE GANZ GROSSEN MASSSTÄBE KOMPLETTIERT WURDEN ...
... UND WO DIE GRAVITATION DIE RAUMZEIT KRÜMMT WIE KNETMASSE.

* Das sind die 4 fundamentalen Wechselwirkungen: Elektromagnetismus, Gravitation, Starke und Schwache Wechselwirkung.

JA, WOMÖGLICH MUSS MAN *ZUNÄCHST* EINE QUANTENTHEORIE FORMULIEREN UND *ERST DANACH* ZEIGEN, WIE SICH DIE RAUMZEIT HERAUSBILDEN KONNTE.
„DIE RAUMZEIT" – DA HABEN WIR SIE WIEDER! SIE IST ALSO NICHT ZU UMGEHEN. HAHA!
ICH WÜRDE SOGAR SAGEN: HOHO!
HO
HO
HO
VIELLEICHT IST SIE GAR NICHT SO UNUMGÄNGLICH! DENN WENN MAN DER RAUMZEIT IHREN FUNDAMENTALEN STATUS ENTZIEHT, KÖNNEN SICH DIE UNVERTRÄGLICHKEITEN ZWISCHEN RELATIVITÄTSTHEORIE UND QUANTENWELT ...
... AUFLÖSEN.
WIE DAS?
NEHMEN WIR AN, DER RAUM EXISTIERE NICHT WIRKLICH: DIE FÄHIGKEIT DER TEILCHEN, SICH ZU VERSCHRÄNKEN, ALSO SICH SELBST ÜBER GROSSE ENTFERNUNGEN HIN AUGENBLICKLICH ZU SYNCHRONISIEREN, WÜRDE DANN IHR GEHEIMNIS VERLIEREN. ENTFERNUNG WÄRE NUR NOCH EINE „KONSTRUKTION", ETWAS AUS ANDEREM HERVORGEGANGENES (EMERGENTES), ABER KEIN ABSOLUTER WERT. GLEICHES GILT FÜR DIE ZEIT!
ES KÖNNTE SOGAR DIE VERSCHRÄNKUNG SEIN, DIE DAS UNIVERSUM IN SEINER KONTINUITÄT UND HOMOGENITÄT BEWAHRT. EINE ART KOSMISCHER „KLEBSTOFF" HINDERT ES DARAN, SICH IN WEIT VERSTREUTE STÜCKCHEN ZU ZERSETZEN.
UND WENN DER RAUM AUS VERSCHRÄNKUNG GEMACHT IST, LÄSST SICH DIE HARTE NUSS „QUANTENWELLE VS. GEKRÜMMTE RAUMZEIT" VIELLEICHT KNACKEN. BIS JETZT IST ES EIN WENIG SO, ALS HÄTTE MAN VERSUCHT, ETWAS ECKIGES IN ETWAS RUNDES ZU BRINGEN ...
... WIE DIE TEILE DIESES BAUKASTENSPIELS.
DIE PHYSIKER HABEN VERSUCHT, IM *NACHHINEIN* DAS QUANTENMODELL MIT DER RELATIVISTISCHEN KRÜMMUNG DER RAUMZEIT IN EINKLANG ZU BRINGEN. EIN HERANGEHEN, DAS BIS HEUTE NICHT GERADE VON ERFOLG GEKRÖNT WAR.
DAFÜR GIBT ES JA VIELLEICHT GRÜNDE.
KLOCK
KLOCK
KLOCK

NIMMT MAN HINGEGEN AN, DASS DIE RAUMZEIT SELBST *FOLGE* EINES FUNDAMENTALEREN QUANTENPHÄNOMENS IST, LÖST SICH DAS RÄTSEL VON ALLEIN AUF: DIE RAUMZEIT WIRD ZUM EMERGENTEN PHÄNOMEN!
GENAU! WISST IHR NOCH? WASSERSTOFF (H) UND SAUERSTOFF (O) SIND NICHT „NASS“. ABER DIE KOMBINATION H2O IST ES! WIE DAS WASSER KÖNNTE AUCH DIE RAUMZEIT EINE EMERGENTE BESCHAFFENHEIT HABEN.
DIE TATSACHE, DASS MAN SIE KRÜMMEN KANN, IST DANN SCHON WENIGER MYSTERIÖS.
ES GÄBE ALSO EIN „ETWAS“, DAS GRUNDLEGENDER IST ALS DIE RAUMZEIT – DORT IN DER AUSSENWELT, UNABHÄNGIG VON UNS. RAUM UND ZEIT KÖNNTEN SICH SOGAR NUR BIS AN DIE GRENZEN UNSERES GEISTES AUSDEHNEN.
EIN „ETWAS“? HÄ?!
FROHE WEIHNACHTEN!
DER NEUROWISSENSCHAFTLER JOHN O'KEEFE BESCHREIBT DIESES UNS UMGEBENDE „ETWAS“ ALS EINE ART VON MULTIDIMENSIONALER ENERGIESUPPE.
??
UNSER GEHIRN KÖNNTE SO MODELLIERT SEIN, DASS ES BESTIMMTE DIMENSIONEN AUSWÄHLT UND UNS AUF DIESE WEISE EINEN RÄUMLICHEN UND ZEITLICHEN RAHMEN LIEFERT.
DA DIE ORIENTIERUNG IN RAUM UND ZEIT EINE SO WICHTIGE FUNKTION FÜR UNSER ÜBERLEBEN IST, HÖRT SICH DIE IDEE VERNÜNFTIG AN.
DIE FRAGE IST NUR: KANN UNSER GEHIRN DAS LEISTEN?

BÄH, WAS IST DENN DAS DA?
NA JA ... EIN GEHIRN!
„PLASTINIERT", ALSO MITHILFE VON SILIKON ERHALTEN.
EIN GESCHENK VON ADAM. ER HAT ES MIR VOM FLOHMARKT MITGEBRACHT.
ICH LIEBE ES!
WIE REIZEND ...
ERINNERT IHR EUCH – UNSER GEHIRN SYNCHRONISIERT, VERWANDELT UND VERARBEITET HAUFEN VON ROHINFORMATIONEN, OHNE DASS WIR ES MERKEN. MINDESTENS 95 % UNSERER GEDANKEN SIND UNBEWUSST. DAS GEHIRN IST DER KÖNIG DER ILLUSIONISTEN.
EIN BEISPIEL: UM EINE VORSTELLUNG VOM FOTOREZEPTOREN-SYSTEM UNSERER AUGEN ZU GEWINNEN, SOLLTEN WIR MAL DURCH DEN BILDSENSOR EINES HANDYS SCHAUEN ...
... UND EINE RÖHRE AUS PAPPE DAVORHALTEN.
WENN ICH MICH BEWEGE, FANGE ICH EINE REIHE VON UNSCHARFEN, INSTABILEN UND RUCKELNDEN PUNKTEN EIN. SO FUNKTIONIERT UNSER SEHEN – WIR HABEN SCHON DARÜBER GESPROCHEN. ES IST UNKOMFORTABEL, JA KAUM ZU BEWÄLTIGEN!
UM DAS ZU UMGEHEN, GLÄTTET UNSER GEHIRN DAS BILD: STATT EINE JEDE MOMENTAUFNAHME ZU ANALYSIEREN, ZEIGT ES UNS EINEN DURCHSCHNITT VON DEM, WAS WIR IN DEN ... LETZTEN 15 SEKUNDEN GESEHEN HABEN!
HO
HO
UNSER GEHIRN VERWANDELT SICH ALSO IN EINE ART MASCHINE, WELCHE DIE ZEIT ZURÜCKDREHT. EINE AKTUALISIERUNG IN ECHTZEIT WÄRE VIEL ZU AUFWENDIG UND WÜRDE UNS STÄNDIGEN LICHTSCHWANKUNGEN AUSSETZEN.
HM ...
HO
HO
HO
DIESES „LEBEN IN DER VERGANGENHEIT" WÜRDE ERKLÄREN, WESHALB UNS UNSCHEINBARE VERÄNDERUNGEN IN EINER SZENERIE NICHT AUFFALLEN.
MANCHMAL MACHT ES DAS GEHIRN ABER AUCH UMGEKEHRT: ES TRIFFT VORAUSSCHAUEND EINE WAHL, OHNE DASS WIR UNS DESSEN BEWUSST SIND.
WÄRE UNSER MEISTER DER MANIPULATION ALSO VIELLEICHT SOGAR IMSTANDE, IN UNS DIE EMPFINDUNG EINER RAUMZEIT ZU ERZEUGEN? DAS LEGT VOR ALLEM JOHN O'KEEFE NAHE. DIE NEUROWISSENSCHAFTEN BEJAHEN ES!
HO
HO

VIELES MUSS ERST NOCH BEWIESEN WERDEN. ABER GROSSE TEILE DER WISSENSCHAFTLICHEN GEMEINSCHAFT SCHLIESSEN SICH HEUTE DER IDEE AN, DASS „DIE RAUMZEIT DEM UNTERGANG GEWEIHT IST". SIE IST FUTSCH!
DAS IST VERRÜCKT!
OJE, NICHT NUR DIE RAUMZEIT! AUCH DER WEIHNACHTSMANN PFEIFT AUF DEM LETZTEN LOCH!
HO
HO
HO
KRRR
KNUCK
OBWOHL SIE IN VIELEN ASPEKTEN VONEINANDER ABWEICHEN, STIMMEN DIE WICHTIGSTEN THEORIEN ZUR QUANTENGRAVITATION – SO DIE STRINGTHEORIE ODER DIE SCHLEIFENQUANTENGRAVITATION – DARIN ÜBEREIN, DASS DIE RAUMZEIT NICHTS FUNDAMENTALES IST.
DAS IST AUFSCHLUSSREICH!
FÜR UNSEREN SUPER-WEIHNACHTSMANN IST DAS KONZEPT ZU RADIKAL.
MISSION ABGEBLASEN.
OKAY, DANN IST ES EBEN EINE EMERGENTE RAUMZEIT! ABER WORAUS GENAU IST SIE HERVORGEGANGEN? WORAUS IST DAS GRUNDGERÜST DES UNIVERSUMS GEMACHT?
AUS INFORMATION UND INTERAKTION.
DER PHYSIKER JOHN A. WHEELER HAT SICH ALS ERSTER EIN REIN INFORMATIONELLES UNIVERSUM VORGESTELLT, EIN WEITES QUANTENFELD, IN DEM NICHTS ABSOLUT EXISTIERT: ALLES IST NUR INFORMATIONSÜBERTRAGUNG, TEILBAR IN IHRE EINFACHSTEN AUSDRÜCKE „0" UND „1". EIN BINÄRES SYSTEM WIE IM COMPUTER.
ANDERE HABEN DIESE IDEE WEITERENTWICKELT, SO ANTON ZEILINGER UND CARLO ROVELLI, MITBEGRÜNDER DER THEORIE DER SCHLEIFENQUANTENGRAVITATION.
LAUT CARLO ROVELLI EXISTIEREN DIE DINGE NUR IN IHREN WECHSELSEITIGEN BEZIEHUNGEN. DIESER STUHL DA ZUM BEISPIEL HAT KEINE EIGENSCHAFTEN, JA NICHT MAL EINE POSITION, BIS ER IN INTERAKTION MIT ETWAS ANDEREM TRITT. ETWA MIT DEM BODEN ODER MIT UNS, DIE WIR IHN BEOBACHTEN.
AUF EINEN EMERGENTEN STUHL MEHR ODER WENIGER KOMMT'S AUCH NICHT AN!

KURZ GESAGT, NICHT DER TRÄGER IST WICHTIG, SONDERN DIE INFORMATION: DER CODE! ERINNERT EUCH DAS AN ETWAS?
JA, UND ÜBRIGENS HABE ICH NOCH MAL EIN „EKSTATISCHES ANTLITZ" GEZEICHNET ... DIE WEIHNACHTSVERSION!
MAN NENNT ES AUCH „CODE 0110010111010100110011101010010100110101010010110101110101010101010110100011011100101010011011011110100010 10. USW." ABER DAS IST FÜR DIE FREAKS!
HAHA!
WENN ICH „INFORMATION" SAGE, DENKE ICH AUCH AN DEN CODE, DER IN DER DNA DER LEBEWESEN ENTHALTEN IST.
„ACGGTAATAACGGT-TACATTGGAC... USW."
GACKS?
ABER LASST UNS MAL GANZ VERRÜCKT DENKEN: WENN WIR DAS EVOLUTIONSPRINZIP „ACGTTCAA..." AUF DEN CODE „10010010110010..." ÜBERTRAGEN, KÖNNTEN WIR DOCH EINE ART EVOLUTIONSPRINZIP AUF WELTALL-EBENE ENTWERFEN, ODER?
DIE IDEE IST NICHT SO VERRÜCKT! EINE MULTIDISZIPLINÄRE US-AMERIKANISCHE FORSCHERGRUPPE HAT IHR SOGAR SCHON EINEN NAMEN GEGEBEN.
DAS „GESETZ DER WACHSENDEN FUNKTIONELLEN INFORMATION". ES BESAGT, DASS DIE ENTWICKLUNGSMECHANISMEN DER BIOLOGIE AUCH ANDERE SYSTEME BETREFFEN: VON DEN ATOMEN ÜBER DIE MINERALIEN ODER DIE ATMOSPHÄRE BIS ZU DEN STERNEN.
UM DAS ZU VERSTEHEN, SOLLTET IHR NOCH MAL AN DEN COCKTAIL DENKEN, DER EINE STABILE UND ZUGLEICH DYNAMISCHE TURBULENZ VERANSCHAULICHT, WIE WIR SIE BEI DEN SELTSAMEN ATTRAKTOREN FINDEN KÖNNEN.
EIN ZUSTAND, DER NEUE STRUKTUREN BEGÜNSTIGT, VOR ALLEM DURCH EINFACHE REGELN DER SELBSTORGANISATION.
ABER DAS UNIVERSUM KANN DIE MILLIARDEN ANORDNUNGEN EINES SOLCHEN ERGODISCHEN SYSTEMS NICHT DURCHTESTEN. DIE CHANCE, EIN RESULTAT ZU ERHALTEN, IST STATISTISCH EXTREM GERING.
DIE REGELN, NACH DENEN SICH KRÄFTE, BEWEGUNG, ENERGIE ODER GRAVITATION RICHTEN, REICHEN ALSO NICHT AUS, UM DIE KOMPLEXITÄT DER WELT ZU ERKLÄREN.
DAS ÄNDERT SICH, WENN MAN DAS UNIVERSUM NICHT ALS ERGODISCHES SYSTEM BETRACHTET, SONDERN ALS EVOLUTIONÄRES INFORMATIONELLES SYSTEM.
35254536513236353274515153 5
26153116253535362267223145 2
36266253316617546313531663 6
16621315331537153516537165 3
533226355166 51235621753
6335335317 6253165252
1265235623 272763256
253352635 161254114
262341164 65134526
MI
EIN BISSCHEN WIE UNSER BLOB UND SEIN „DNA-CODE" AUS ZAHLEN.

STATT ALLE MÖGLICHEN ANORDNUNGEN AUFZUSUCHEN, WERDEN NUR EINIGE AUSGEWÄHLT – DIE MIT EINER NÜTZLICHEN FUNKTION. DIESE ANSICHT VERTRITT DER ASTROBIOLOGE ROBERT HAZEN.
IM KLARTEXT: ES WERDEN TENDENZIELL DIE NÜTZLICHEN STABILEN UND DYNAMISCHEN ARRANGEMENTS AUSGEWÄHLT – WIE DIE BLOBS, DIE AM ÜBERLEBENSTÜCHTIGSTEN SIND.
DIESE SELEKTION FÜHRT ZU EINEM FUNKTIONELLEN ANWACHSEN DER INFORMATION. ANDERS GESAGT: DAS SYSTEM *ENTWICKELT SICH*, WAS ZU ERSTAUNLICHEN NEUEN KONFIGURATIONEN FÜHREN KANN.
NEHMEN WIR NUR DIE ERSTEN STERNE, DIE EINFACH AUS WASSERSTOFF UND HELIUM BESTANDEN.
ODER AUCH DIE PHOTOSYNTHESE.
DIESES PRINZIP UNIVERSELLER EVOLUTION IST NOCH VAGE. ABER SEINE ART, BEWÄHRTE KONZEPTE ZU KOMBINIEREN, HAT DAS VERDIENST, VIELVERSPRECHENDE NEUE WEGE AUFZUZEIGEN.
OKAY, SUPER FÜR PHOTOSYNTHESE, STERNE UND ALL DAS. ABER ... WO IST BEI ALLEDEM DAS BEWUSSTSEIN?
WÄRE DAS IN DIESEM MUTMASSLICHEN PROZESS INBEGRIFFEN?
ODER LIEGT ES JENSEITS DER BEKANNTEN PHYSIK?
HM, JA ... DAS BEWUSSTSEIN. DAS SCHWIERIGE PROBLEM – *THE HARD PROBLEM* –, WIE ES DER AUSTRALISCHE PHILOSOPH DAVID CHALMERS GENANNT HAT.
STELLEN WIR UNS EIN SZENARIO VOR: MAI, NIMM EINFACH MAL AN, HILBERT UND ICH KÖNNTEN IN UNSEREM LABOR PERFEKTE MENSCHLICHE ZELLEN FABRIZIEREN, DARUNTER AUCH KÜNSTLICHE NEURONEN – DIE **NEURONIX**!
NEURONEN
NEURONIX
MAN KANN SIE IN GEHIRNE EINPFLANZEN, UM ALTERSSCHWACHE NEURONEN ZU ERSETZEN.
DIESE NEURONIX REPRODUZIEREN GANZ PERFEKT ALLE HEREINKOMMENDEN UND AUSTRETENDEN SIGNALE. WIR KÖNNEN DIR MÜHELOS *EIN* NEURONIX EINPFLANZEN. GARANTIERT OHNE RISIKO! WÜRDEST DU DA MITMACHEN?
OHNE RISIKO, SAGST DU?
NA JA, ICH MUSS MAL SEHEN ... EIGENTLICH SCHON.

* „What is it like to be a bat", Philosophical Review, 1974.

Und wenn mir nach der Operation nichts mehr die Erfahrung meiner selbst vermittelt? Wenn ich mich nicht mehr als „Ich" fühle? Was bringt es, 100.000 Jahre auf der Erde zu weilen, wenn man eine Art ... Zombie ist?!!
Nein, danke! Kein Neuronix-Gehirn!
Die meisten Menschen würden sich so entscheiden..
Die Frage lautet hier: Reicht es aus, wenn Atome in einer bestimmten Weise angeordnet sind, um Bewusstsein entstehen zu lassen? Oder ist Bewusstsein untrennbar verbunden mit dem evolutionären Prozess des Lebens?
Oder gibt es noch ... etwas anderes?
Wenn wir uns in einem Spiegel betrachten, neigen wir dazu, uns als etwas Abgetrenntes zu sehen – nicht nur abgetrennt von der Aussenwelt ...
... sondern auch von unserem physischen „Ich"! Als würde unsere Bewusstseinserfahrung ausserhalb der materiellen Welt herumschweben. Ich habe einen seltsamen Hang dazu, meinen Kopf und meinen Körper als etwas zu betrachten, das ich von aussen her „bewohne".
Dabei ist es genau umgekehrt! Alles, was ich als mein „Ich" wahrnehme, kommt in Wahrheit von innen: aus der Biochemie meines Gehirns!
Na ja ... zumindest ist das die vorherrschende Sicht in Physik und Neurowissenschaften.
Laut dieser „reduktionistischen" Sichtweise steckt alles in der Schädelhöhle.
Tapp
Tapp

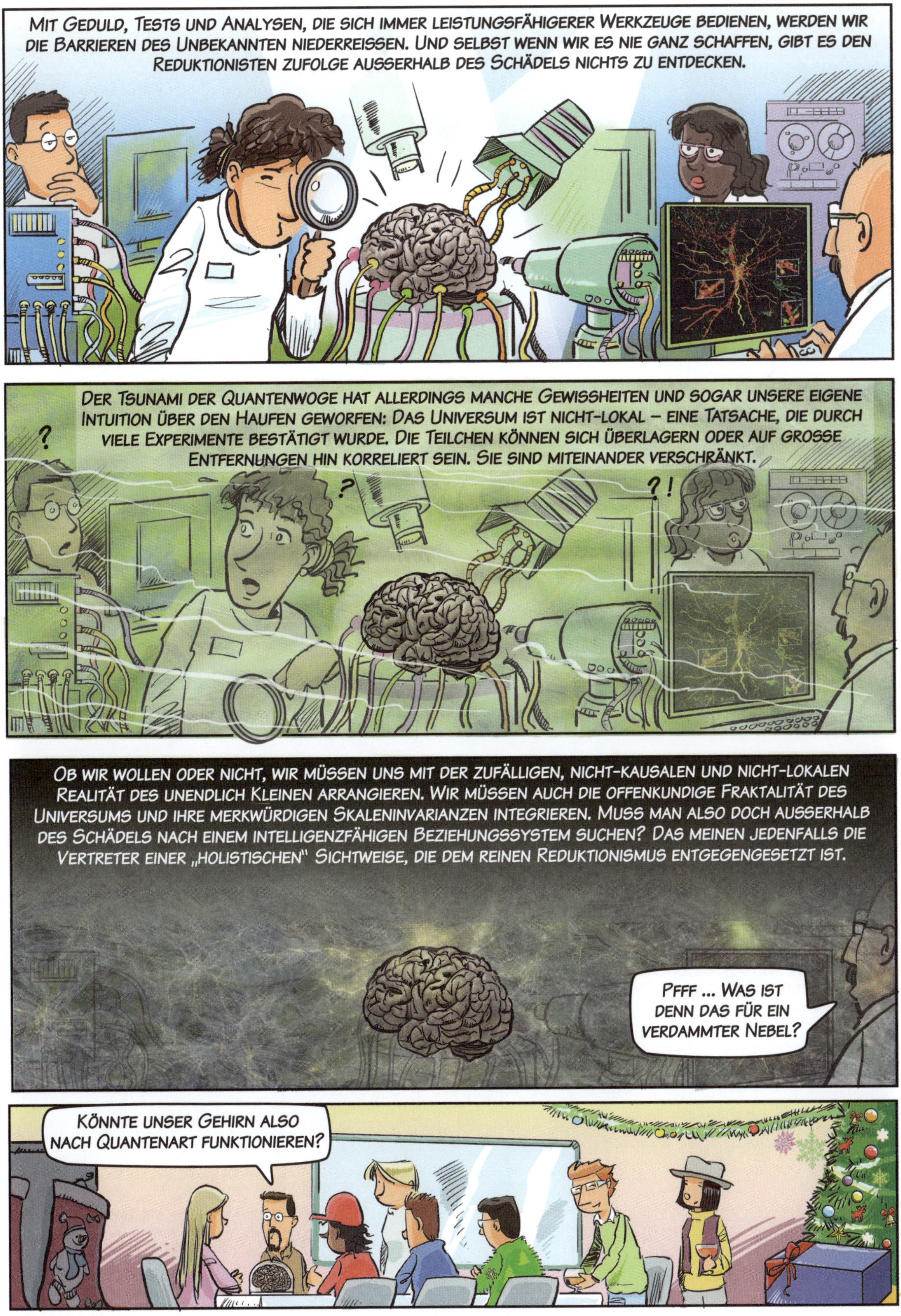
MIT GEDULD, TESTS UND ANALYSEN, DIE SICH IMMER LEISTUNGSFÄHIGERER WERKZEUGE BEDIENEN, WERDEN WIR DIE BARRIEREN DES UNBEKANNTEN NIEDERREISSEN. UND SELBST WENN WIR ES NIE GANZ SCHAFFEN, GIBT ES DEN REDUKTIONISTEN ZUFOLGE AUSSERHALB DES SCHÄDELS NICHTS ZU ENTDECKEN.
DER TSUNAMI DER QUANTENWOGE HAT ALLERDINGS MANCHE GEWISSHEITEN UND SOGAR UNSERE EIGENE INTUITION ÜBER DEN HAUFEN GEWORFEN: DAS UNIVERSUM IST NICHT-LOKAL – EINE TATSACHE, DIE DURCH VIELE EXPERIMENTE BESTÄTIGT WURDE. DIE TEILCHEN KÖNNEN SICH ÜBERLAGERN ODER AUF GROSSE ENTFERNUNGEN HIN KORRELIERT SEIN. SIE SIND MITEINANDER VERSCHRÄNKT.
?
?
?!
OB WIR WOLLEN ODER NICHT, WIR MÜSSEN UNS MIT DER ZUFÄLLIGEN, NICHT-KAUSALEN UND NICHT-LOKALEN REALITÄT DES UNENDLICH KLEINEN ARRANGIEREN. WIR MÜSSEN AUCH DIE OFFENKUNDIGE FRAKTALITÄT DES UNIVERSUMS UND IHRE MERKWÜRDIGEN SKALENINVARIANZEN INTEGRIEREN. MUSS MAN ALSO DOCH AUSSERHALB DES SCHÄDELS NACH EINEM INTELLIGENZFÄHIGEN BEZIEHUNGSSYSTEM SUCHEN? DAS MEINEN JEDENFALLS DIE VERTRETER EINER „HOLISTISCHEN" SICHTWEISE, DIE DEM REINEN REDUKTIONISMUS ENTGEGENGESETZT IST.
PFFF ... WAS IST DENN DAS FÜR EIN VERDAMMTER NEBEL?
KÖNNTE UNSER GEHIRN ALSO NACH QUANTENART FUNKTIONIEREN?

NICHT SO EINFACH ... DIE QUANTENEXPERIMENTE WERDEN AUF MIKRO-EBENE DURCHGEFÜHRT, IM VAKUUM UND BEI TEMPERATUREN NAHE DEM ABSOLUTEN NULLPUNKT.
DIE QUANTENWELLE IST SO FRAGIL WIE EINE SEIFENBLASE. BEI IHR KOMMT ES AUF DIE GRÖSSE AN.
ANDERS GESAGT ...
... SIE ZERPLATZT UNWEIGERLICH, WENN SIE AUF UNSERE MAKROSKOPISCHE REALITÄT STÖSST!
PIFF!
UND SELBST IM UNENDLICH KLEINEN LÖST SICH DIE WELLE IM WARMEN GESPRUDEL DER BIOLOGISCHEN WELT AUF.
DAS WILL NICHT HEISSEN, DASS SIE DORT NICHT EXISTIERT. IHRE PRÄSENZ IST BLOSS EXTREM SCHWER NACHZUWEISEN.
GENAU, LUCE! UND DIESES FORSCHUNGSGEBIET HEISST QUANTENBIOLOGIE. ES ERFORSCHT DIE BEZIEHUNGEN ZWISCHEN ELEKTROMAGNETISCHEN FELDERN UND DER MATERIE – DORT, WO DIE BETREFFENDE MATERIE BELEBT IST.
ALSO ETWA BEI GERDA.
... UND BEI UNS!
ZUNÄCHST HAT MAN IM PFLANZENREICH QUANTENEFFEKTE VERMUTET. VOR ALLEM EINE ÜBERLAGERUNG BESTIMMTER TEILCHEN WÄHREND DER PHOTOSYNTHESE.
DANN BEGANN MAN SICH AUCH FÜR DAS TIERREICH ZU INTERESSIEREN.
DORT HAT MAN GEZEIGT, DASS SICH DIE QUANTENÜBERLAGERUNG IN PROTEINLÖSUNGEN LANGE GENUG HALTEN KANN, UM EINEN CHEMISCHEN PROZESS BEI LEBEWESEN ZU BEEINFLUSSEN.
KLING!
MEDIPACK
Zelle
KLING!
SO KANN DIE REPARATUR VON ZELLEN VON SCHWACHEN MAGNETFELDERN GESTEUERT WERDEN.
ALS KÖNNTE DAS MAGNETFELD EURES HANDYS EINE WUNDE BEHANDELN, INDEM ES DIREKT AUF EURE ZELLEN WIRKT. SO STELLT ES SICH DIE FORSCHERIN CLARICE AIELLO VOR.
UND WAS HAT DAS MIT QUANTEN ZU TUN?
KLING!
NUN JA, DIE INTERAKTION DER MAGNETFELDER MIT DER MATERIE WIRD IN DEN ATOMEN DURCH DEN SPIN DER ELEKTRONEN GEMANAGT.
DIE SCHON WIEDER?!
TOING „UP"
BOING
KRUIK „DOWN"
UND DER SPIN IST SEINEM WESEN NACH QUANTENHAFT! OHNE ENTSPRECHUNG IN DER „WIRKLICHEN" WELT, EINE ART ROTATION DES ELEKTRONS UM SICH SELBST: ES BEFINDET SICH IN EINER ZUSTANDSÜBERLAGERUNG – GLEICHZEITIG „UP" UND „DOWN".

So vermutet man, dass die Cryptochrom-Proteine in den Augen der Zugvögel deren Flug unterstützen, und zwar durch Überlagerung von Spins und Teilchen-verschränkung.
Das Auge soll den Spin zweier verschränkter Moleküle nutzen, um das Erdmagnetfeld zu „sehen" und sich zu orientieren. Eine Art Quantenkompass, der auch bei anderen wandernden Tierarten funktionieren soll, etwa bei Meeresschildkröten.
Man weiss, dass die Cryptochrome bei diesen Tierarten auf Magnetfelder ansprechen. Bei nicht wandernden Arten, Hühnern beispielsweise, ist das weniger der Fall. Bei ihnen findet man kaum Spuren für einen Magnetsinn.
Gack?
Arme Gerda! Man hat dir schon deine Zähne und deine Flugfähigkeit genommen – und jetzt auch noch deinen crypto…magnetischen Dingsbums!
Die Welt ist ungerecht!
Noch andere biochemische Reaktionen mit Quantenbezug sind bei Lebewesen festgestellt worden, so der **Tunneleffekt**. Er erlaubt den Teilchen, eigentlich unüberwindbare Barrieren zu durchdringen. Als könnte eine „Nano-Gerda" durch eine Mauer gehen!
Plopp
All diese Quantenreaktionen in einem feuchten und warmen Umfeld hielt man vor wenigen Jahren noch für unmöglich.
Super, Gerda!
Man hat das alles in *vitro* getestet. Aber in *vivo*, am lebenden Objekt, hat noch niemand zweifelsfrei bewiesen, dass es sich um Quantenreaktionen handelt. Und wenn schon die bescheidenen Proteine aus dem Labor heisse Debatten auslösen, könnt ihr euch vielleicht ausmalen, welche Diskussionen es über das komplexeste Organ gibt, das wir kennen!
?
Wir haben schon Mühe, die Funktionsweise des Gehirns und des Bewusstseins mit der klassischen Physik zu begreifen. Und dann erst im Quantenmodus …
Wenn man nichts beweisen kann, kann man auch nichts ausschliessen! Es gibt mehr als zwanzig empirische Hypothesen zum Thema Bewusstsein.
Ohne natürlich die Deutungen mitzuzählen, die von Natur aus unüberprüfbar sind!

* Für C. Aiello (siehe Seite 216) lässt sich die Hypothese im Rahmen der aktuellen experimentellen Möglichkeiten nicht überprüfen.

HM ... DIE FRAGE NACH DEM WARUM SCHEINT UNERGRÜNDLICH. AUF JEDEN FALL NENNT MAN ES EINE TELEOLOGIE, WENN MAN VERSUCHT, EINE SACHE VON IHREM ERGEBNIS HER ZU ERKLÄREN, ALSO DAS UNIVERSUM MIT DEM AUFTAUCHEN DES LEBENS ...
OFT UNTERLEGT MAN DER TELEOLOGIE EINE ABSICHT. SO BEHAUPTET DIE THEORIE DES PANPSYCHISMUS, JEDES TEILCHEN ENTHALTE SO ETWAS WIE BRUCHSTÜCKE DES BEWUSSTSEINS, DAS DEN LAUF DER WELT LENKT.
RODERICH?!
HE, ANDI, WAS MACHST DU DENN HIER?
JA! JETZT WICKELN WIR DIE GESCHENKE AUS!
DENNOCH SIND WISSENSCHAFTLER UND PHILOSOPHEN WIE THOMAS NAGEL DER ANSICHT, EIN TELEOLOGISCHES HERANGEHEN MÜSSE NICHT UNBEDINGT VON „ABSICHT" SPRECHEN UND KÖNNE AUCH EINFACH NUR DURCH EINE FUNKTION DEFINIERT WERDEN.
EINE TANNENNADEL HAT DIE FUNKTION, DIE PHOTOSYNTHESE ZU GEWÄHRLEISTEN.
DIE FUNKTION EINER MEMBRAN LIEGT DARIN, DIE ZELLE ZU SCHÜTZEN.
VIELLEICHT BESTEHT DIE FUNKTION DES UNIVERSUMS JA DARIN, KOMPLEXITÄT ZU ERZEUGEN. HIER BEGEGNET MAN DER IDEE EINES UNIVERSELLEN EVOLUTIONSPRINZIPS WIEDER ...
ABER BEVOR WIR DIESE ULTIMATIVE FRAGE ANGEHEN, DIESES UNERGRÜNDLICHE „WARUM", SOLLTEN WIR VERSUCHEN, MIT DEN ETABLIERTEN UND ÜBERPRÜFTEN GESETZEN AUF ANDERE FRAGEN ZU ANTWORTEN.
E=MC²
IM KAPITEL MIT DEN RÄTSELN DES UNIVERSUMS HÄTTEN WIR ALSO DIE RAUMZEIT.
MIT ZWEI OPTIONEN: ENTWEDER „1", DIE SCHACHTEL DER RAUMZEIT EXISTIERT, ODER „0", SIE EXISTIERT NICHT. EINE SIMPLE BINÄRE WAHL – „1" ODER „0".
1
0
FALLS „1": DIE RAUMZEIT EXISTIERT ALS GRUNDLEGENDE ENTITÄT. DANN FOLGT SIE DEN TAUSENDFACH ÜBERPRÜFTEN RELATIVITÄTSGESETZEN VON ALBERT EINSTEIN. IHNEN ZUFOLGE IST DIE RAUMZEIT EIN UNIVERSUMSBLOCK, IN DEM ALLE AUGENBLICKE GLEICHWERTIG SIND.
DIE ZEIT VERRINNT GENAUSO WENIG WIE DER RAUM!
EIN ... ÄHM ... INTERESSANTES GESCHENK!
ES IST VERRÜCKT, ABER DIE IDEE, DASS VERGANGENHEIT UND ZUKUNFT AUF DIESELBE WEISE EXISTIEREN WIE DIE GEGENWART, IST MIT DEM, WAS WIR VON DER WELT WISSEN, VEREINBAR: DANACH WÜRDE ALLES IM UNIVERSUM IN DIESEM MOMENT EXISTIEREN!

WENN HINGEGEN „0" WAHR IST, EXISTIERT DIE RAUMZEIT NICHT.
SIE IST DANN NUR EINE EMERGENTE ENTITÄT, HINTER DER SICH EINE TIEFERE, VIELLEICHT QUANTENHAFTE, REALITÄT VERBIRGT …
… ODER ETWAS NOCH VÖLLIG UNBEKANNTES, WIE ROGER PENROSE UND ANDERE GLAUBEN.
BESONDERS VERWIRREND: UNSER EINDRUCK, DASS DIE ZEIT VERRINNT, IST OFFENBAR VON VORN BIS HINTEN EINE ILLUSION – EGAL OB SZENARIO „1" ODER „0" ZUTRIFFT!
ACH SO?! PARDON, ABER ICH HABE GERADE DIESE ANTIFALTENCREME GESCHENKT BEKOMMEN.
(GRMM, SCHON EIN BISSCHEN GEMEIN …)
DAS IST DOCH EIN BEWEIS DAFÜR, DASS DIE ZEIT VERGEHT, ODER?
ABER NEIN, QIAN!
ERINNERST DU DICH? DAS EINZIGE GESETZ, DAS DEN ZEITPFEIL DEFINIERT, IST DIE ENTROPIE. UND WIR ALS MAKROSKOPISCHE BIOMASCHINEN SIND IHRE BEVORZUGTEN OPFER.
UNSERE KOMPLEXE ORGANISATION IST DAS ERGEBNIS VON MILLIARDEN JAHREN EVOLUTION. WIR SIND EIN INFORMATIONSKONZENTRAT AUF ZWEI BEINEN.
UNSERE MYRIADEN VON ATOMEN HABEN SICH ZU MILLIARDEN VON ZELLEN VEREINT UND GEORDNET UND SICH SO EINIGERMASSEN AN DAS UMGEBUNGSMILIEU ANGEPASST.
UNSER AUSGEFEILTES UND FRAGILES SYSTEM KANN DIE SICH ANHÄUFENDEN FEHLER REPARIEREN. ABER NUR UNVOLLSTÄNDIG UND NICHT FÜR IMMER.
WIR NUTZEN UNS AB …
AUA!
… UND DANN STERBEN WIR! DIE ATOME, AUS DENEN WIR BESTEHEN, SETZEN ANDERSWO IHR EWIGES LEBEN FORT, SO WIE SIE EINST ZU UNS KAMEN. SIE SIND NICHT „GEALTERT", DENN SIE KENNEN KEINE VERSTREICHENDE ZEIT.

UND NACH DER RELATIVITÄTSTHEORIE IST DIE VERGANGENHEIT DES VERSTORBENEN IMMER NOCH DA. GENAU WIE SEINE ZUKUNFT. VERGANGENHEIT, GEGENWART UND ZUKUNFT GEHEN INEINANDER ÜBER. DIE ZEIT RINNT NICHT DAHIN.

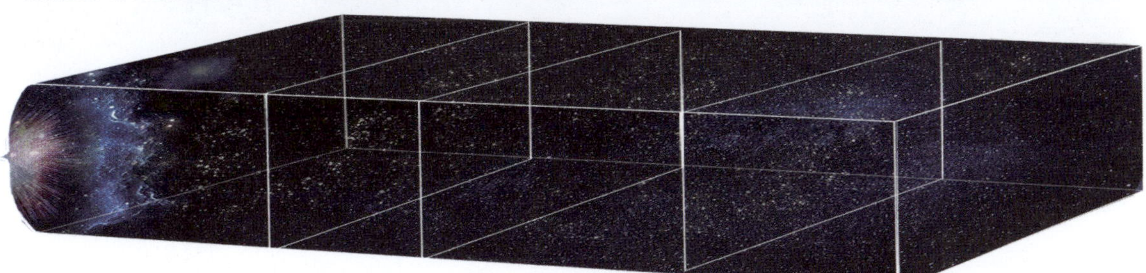

Es sei denn, hinter der Raumzeit versteckt sich eine andere Realität – eine Quantenwelt, deren innerstes Wesen es noch zu entdecken gilt, oder „irgendetwas anderes", das uns total unbekannt ist.
Auch die Information geht niemals verloren. Energie und Materie haben sich nur anders angeordnet. Und die Gesetze der Physik können in beide Richtungen funktionieren. Theoretisch könnte die Information des Verstorbenen also wiedergefunden werden. Auch wenn man in der Praxis nicht recht weiss, wie man das hinbekommen soll.
Ooh ... eine Hommage an mein Werk!
Siehst du, letztendlich war es doch nicht so ephemer.
Die Information, die uns konstituiert, scheint zeitlos zu sein – wie alles, was im Universum existiert. Das steht im Einklang mit allen Naturgesetzen, die wir kennen.
Sabine Hossenfelder fasst es so zusammen: „Unser Dasein scheint das Verstreichen der Zeit zu transzendieren."
Und wenn wir diesen zeitlosen Augenblick in einen geselligen verwandeln?
Ein ... Weihnachts-cocktail à la Hilbert?!
Klasse!
Prost, Leute!
Auf das Geheimnis des Universums!
Und auf die Magie des ... Lebens!

Auswahlbibliografie

Die vollständige Bibliografie sowie alle Anmerkungen und Quellenhinweise zu *Cosmix* sind im Internet unter www.dunod.com auf der Vorstellungsseite des Buches verfügbar. Hier folgen einige ausgewählte Titel:

ASPECT, Alain: *Einstein et les révolutions quantiques.* CNRS Éditions, De Vive Voix, 2019.

BARRAU, Aurélien: *Anomalies cosmiques: La science face à l'étrange.* Dunod, 2022.

BECKER, Adam: *Was ist real? Das ungelöste Problem der Quantenphysik.* Dt. von Bernhard Gerl. Springer, 2021.

BOBROFF, Julien: *La quantique autrement, garanti sans équation.* Flammarion, 2021.

BRYSON, Bill: *Eine kurze Geschichte von fast allem.* Dt. von Sebastian Vogel. Goldmann, 2004.

CARROLL, Sean: *Was ist die Welt und wenn ja, wie viele: Wie die Quantenmechanik unser Weltbild verändert.* Dt. von Jens Hagestedt. Klett-Cotta, 2021.

COX, Brian/ INCE, Robin: *How to build a Universe.* William Collins, 2017.

DEHAENE, Stanislas: *Denken: wie das Gehirn Bewusstsein schafft.* Dt. von Helmut Reuter. Knaus, 2014.

DURAND, Thomas: *L'évolution, ça marche!* Seuil, 2019.

ELBAZ, David: *La plus belle ruse de la lumière: Et si l'univers avait un sens …* Odile Jacob, 2021.

FORTERRE, Patrick/ d'HENDECOURT, Louis/ MALATERRE, Christophe/ MAUREL, Marie-Christine: *De l'inerte au vivant.* La Ville Brûle, 2013.

GALFARD, Christophe: *Das Universum in deiner Hand.* Dt. von Jens Hagestedt und Ulla Held. C.H. Beck, 2017.

GLEICK, James: *Chaos – die Ordnung des Universums.* Dt. von Peter Prange. Droemer Knaur, 1988.

GREENE, Brian: *Bis zum Ende der Zeit: Der Mensch, das Universum und unsere Suche nach dem Sinn des Lebens.* Dt. von Sebastian Vogel. Pantheon, 2021.

HOBSON, Art: *Tales of the Quantum.* Oxford University Press, 2017.

HOSSENFELDER, Sabine: *Mehr als nur Atome: Was die Physik über die Welt und das Leben verrät.* Dt. von Monika Niehaus und Bernd Schuh. Siedler, 2023.

KAUFFMAN, Stuart A.: *A World Beyond Physics.* Oxford University Press, 2019.

MAUREL, Marie-Christine/ CASSÉ, Michel: *Xénobiologie, vers d'autres vies.* Odile Jacob, 2018.

MUSSER, George: *Spooky Action at a Distance.* Scientific American, 2015.

NAGEL, Thomas: *Geist und Kosmos: Warum die materialistische neodarwinistische Konzeption der Natur so gut wie sicher falsch ist.* Dt. von Karin Wördermann. Suhrkamp, 2013.

PALMER, Tim: *The Primacy of Doubt.* Oxford University Press, 2023.

PARTHASARATHY, Raguveer: *So Simple a Beginning: How Four Physical Principles Shape Our Living World.* Princeton University Press, 2022.

PÄS, Heinrich: *The One: How an Ancient Idea Holds the Future of Physics.* Icon Books, 2023.

PENROSE, Roger: *Zyklen der Zeit: eine ungewöhnliche Sicht des Universums.* Dt. von Thomas Filk. Spektrum, 2011.

ROVELLI, Carlo: *Die Ordnung der Zeit.* Dt. von Enrico Heinemann. Rowohlt, 2018.

RUELLE, David: *Zufall und Chaos.* Dt. von Wolf Beiglböck. Springer, 1992.

SETH, Anil: *Being You. A New Science of Consciousness.* Faber, 2021.

TRINH XUAN, Thuan: *Vertige du Cosmos.* Flammarion, 2019.

WILCZEK, Frank: *Fundamentals: Die zehn Prinzipien der modernen Physik.* Dt. von Jens Hagestedt. C.H. Beck, 2021.

Bildquellen und Sonstiges:

Evolution (Seite 150): Es gibt Web-Apps, welche die Evolution simulieren, z. B. den „Evolution Simulator“ von Minutelabs, in dem auch die Blobs ihren Auftritt haben.

Mandelbrot-Menge (Seite 166, Bild 2): Wikimedia Commons – Wolfgang Beyer (https://fr.wikipedia.org/wiki/Ensemble_de_Mandelbrot#/media/Fichier:Mandel_zoom_08_satellite_antenna.jpg)

Bild von den Farnen (Seite 171): Wikimedia Commons, Urheber DSP-User (https://commons.wikimedia.org/wiki/File:Barnsley_Fern_fractals_-_4_states.PNG)

Dank

Der Entstehungsprozess von *Cosmix* hat homerische Dimensionen angenommen. Die Odyssee dauerte fast drei Jahre, stets auf den Wogen des Unbekannten, und nicht immer wusste ich, an welchen Ufern ich anlegen würde und welch seltsame Gestade sich mir offenbaren sollten. Mögen auch einige Nervenzellen untergegangen sein – die meisten haben sich tapfer an die Reling geklammert und den informationellen Stürmen getrotzt.

Einige gute Seelen haben freundlicherweise die Rolle von Leuchttürmen übernommen und mir den Weg über diesen riesigen Ozean des Wissens gewiesen. Ich grüße diese hilfsbereiten Geister und danke ihnen für ihre Verfügbarkeit und Geduld, für die kritische Durchsicht meines Manuskripts, für Expertisen, Erläuterungen und/oder Ratschläge auf ihrem jeweiligen Fachgebiet:

Olivier Berné, David Elbaz, Baptiste Lavie, Michel Mayor, Pierre North (Astrophysik); Alain Aspect, Alice Gasparini, Carlo Rovelli (Theoretische Physik); Martin Hairer, David Ruelle (Physik/Mathematik); Patrick Forterre, Jozsef Zakany, Szabolcs Zakany (Biologie und Biophysik); Léa Bresque (Quantenthermodynamik); Clarice Aiello (Quantenbiologie); Luc Braillard (Geologie) und mein Bruder Olivier (Chemie).

Sehr dankbar bin ich meinem treuen Ratgeber und Abenteurer Claude-Alain Pillet, Professor am Zentrum für theoretische Physik in Marseille. Mit seinem kostbaren Kompass und seinem Wohlwollen hat er mich von Anfang an auf den Pfaden der bebilderten Wissenschaft begleitet.

Mein Dank geht an das Team der Éditions Dunod für ihre Aufmerksamkeit und ihren Ansporn. Besonders danke ich meiner Lektorin Anne Pompon, die mich schon auf den Expeditionen der Bücher *Quantix* und *Infinix* begleitete und mir auch bei diesem Werk wieder zur Seite stand. Das *Cosmix*-Projekt erhielt außerdem eine willkommene Unterstützung durch die Schweizer Kulturstiftung Pro Helvetia.

Und nicht zuletzt danke ich meiner lieben Lebensgefährtin Ariane und meiner Tochter Valentine für ihre hilfreiche Gegenwart und ihre Ratschläge während der Entstehungszeit. Euch allen – Freundinnen, Freunden und Familienmitgliedern, die mein Comicgefasel geduldig ertragen haben – danke ich dafür, dass ihr auf dieser Welt mit ihrer so chaotischen wie faszinierenden Komplexität aufgetaucht seid. Und im Falle einer Ego-Krise sollten wir uns jeden Tag an die Worte des Astronomen Carl Sagan erinnern: Wir sind nur ein „Pünktchen Staub, das an einem Sonnenstrahl hängt".

The Pale Blue Dot *(Der blassblaue Punkt): Ein Foto von der Erde, aufgenommen im Jahre 1990 von der Raumsonde Voyager 1, die damals 6 Milliarden Kilometer von unserem Planeten entfernt war. Die Idee dazu stammt von Carl Sagan, der damit den bescheidenen und vergänglichen Platz der Menschheit im Kosmos veranschaulichen wollte. (Bildrechte: NASA/JPL-Caltech)*